JN436840

이즈미 세이이치와 군속인류학

서울대학교 규장각한국학연구원 한국학모노그래프 71

이즈미 세이이치와 군속인류학

뉴기니 조사를 중심으로

지은이 전경수
펴낸곳 서울대학교출판문화원
펴낸이 성낙인

초판 1쇄 인쇄 2015년 3월 15일
초판 1쇄 발행 2015년 3월 20일

책임편집 정성숙
디자인 장혜원

출판등록 제15-3호

주소 서울 관악구 관악로 1
대표전화 02-880-5252 **팩스** 02-888-4148
마케팅팀(주문상담) 02-889-4424, 02-880-7995
이메일 snubook@snu.ac.kr
홈페이지 www.snupress.com

ISBN 978-89-521-1650-5 94300
세트 978-89-521-1027-5

서울대학교 규장각한국학연구원 한국학모노그래프 71

이즈미 세이이치와 군속인류학

뉴기니 조사를 중심으로

전경수 지음

서울대학교출판문화원

Izumi Seiichi and Anthropology of Militarism

Focusing on Research at New Guinea

CHUN Kyung-soo

Seoul National University Press

머리말

서울대학교 규장각한국학연구원의 지원으로 본고를 구상할 즈음에 제출했던 원제는 "경성제국대학 박물관의 민족학적 자료수집에 관한 연구: 뉴기니 자료를 통해 본 점령지의 문화노획과 전쟁물자 조사"였다. 주제목과 부제목이 보여주듯이 원래의 의도는 현재 서울대학교박물관에 소장되어 있는 경성제국대학 진열관으로부터 이어져 온 유물들에 관한 논의를 하는 것이었다. 필자는 이미 오래전부터 그러한 의도로 자료를 정리하고 글을 정리하는 과정에서 그 규모의 방대함을 감지하고, 부제로 '뉴기니' 자료에 국한할 필요성을 피력하였다. 지원이 결정되고, 연구를 진행하는 과정에서 필자는 주제의 재조정이 필요함을 알게 되었다. 부제에 집중하여 자료를 정리하다 보니, 경성제국대학 진열관으로부터 이어져 온 유물들에 집중하기보다는 뉴기니 자료의 수집과정을 주도했던 연구자의 연구 과정과 배경에 집중하는 학사적(學史的)인 결과물을 생산하게 되었다. 결과적으로 본고는 심사를 맡은 분들의 이해에 힘입어 원래의 부제를 주제로 삼고, 학사적인 논의를 하는 것으로 만족하게 되었다.

학사적인 논의로 종결된 본고의 내용이 제안하고 있는 것은 '군속인류학'이라는 생소한 과제이다. 전쟁과 인류학이라는 장르가 만들어지면서 새롭게 등장한 과제로서 '군속인류학'이라는 용어가 앞으로 어떠한 평가를 받을 수 있을지는 아직 미지수이지만, 자못 도전적인 과제가 될 것으로 생각한다. 왜냐하면 인류학 분야에 국한하더라도 전쟁 중 학자들의 역할에 대한 주제는, 어느 누구에 의해서도 제대로 정리된 바가 없으므로, 앞으로 학사적인 차원에서 반드시 다루어져야 할 과제이기 때문이다. 이는 인류학 분야만은 아니며, 학문과 예술의 전방위 검토가 이루어져야 할 과제이다.

서울대학교의 정체성에 관한 논의를 하기 위해서는 반드시 짚고 넘어가야 할 것이 경성제국대학(약칭 城大)의 문제이다. 성대(城大)에 관한 논의 없이 서울대학교의 정체성을 논의하려는 일부의 시도들은 용납되지 못할 것이며, 그러한 시도들 때문에 왜곡되는 역사의 문제에 대해서 직시할 필요성을 강조하고 싶다. 현재 서울대학교박물관의 유물들 속에는 성대의 유산이 고스란히 남아 있고, 서울대학교중앙도서관의 고문헌자료실에도 성대 도서관의 도서들이 잘 정리되어 남아 있다. 일제식민지 시기의 문제에 대해서는 열을 올리는 사람들이 성대의 모습에 대해서는 객관적이고 적극적인 자세로 임하지 않는 것은 역사의 진실에 대한 간접적인 외면의 시도라고 말할 수 있다.

1926년 본과로 시작한 경성제국대학은 2016년에 창립 90주년을 맞게 된다. 과연 그러한 시점의 의미를 외면한 채, 제대로 된 서울대학교의 정체성 논의가 가능할 것인가? 타이완대학은 2008년 창립 80주년의 거교적(擧校的) 행사를 하였고, 그 결과물들을 화려하게 남겼다. 타이완대학은 1928년 창립하였던 타이호쿠제국대학(台北帝國大學)을 모체로 하고 있음에 대해서 전혀 부인하지 않는다. 경성제국대학의 창립시기를 서울대학교의 개교나 창학 시점이라고 말하고자 하는 것이 아니다. 최소한 서울대학교의 몸체 속에 흐르고 있는 경성제국대학의 유산에 대해서 부인하지 말아야 할 것이다. 경성제국대학과 타이호쿠제국대학, 그리고 서울대학교와 타이완대학의 활동들에 대한 비교를 피하고 싶지 않은 이유가 있다.

본고는 "泉 靖一, ニューギニア調査と軍屬人類學: 大東亞戰爭と方向" 이라는 제목으로 神奈川大學國際常民文化研究所에서 발행한 『第二次大戰中および占領期の民俗學 · 文化人類學』(國際常民文化研究業書 第4券, 2013년 3월 1일 발행)에 수록된 바 있다(pp. 88－140). 그때 제기되었던 질문과 코멘트를 일부 수용하여 본서를 위한 최종 원고를 만들었으며, 일부 사진 자료들을 보강하였다. 2015년은 이즈미의 탄신 100주년이 되는 해이다. 학사적인 의미가 담긴 본서가 동아시아인류학사의 정리에 일조가 되기를 희망하는 바이다. 본서에서 사용하는 고유명사들은 가급적 그 용어가 사용되던 당시의 것들을 그대로 사용하였다. 시간적인 맥락을 살리기 위한 의도적인 표기이다.

이즈미 세이이치에 관련된 자료수집(2009. 12. 21~23)은 교토대학(京都大學)의 이즈미 타쿠라(泉 拓良, 이즈미 세이이치의 영식) 교수의 허락을 얻어서 센슈대학(專修大學)의 이즈미 루이(泉 留維, 이즈미 세이이치의 영손) 교수 연구실에서 이루어졌으며, 이덕우 군(당시 도쿄대학 문화인류학연구실 대학원 재학 중)이 함께 작업하였다. 도쿄대학 문화인류학연구실, 국립민족학박물관 도서실(오사카), 규슈대학 도서관, 서울대학교중앙도서관 고문헌자료실, 서울대학교박물관, 후쿠오카시립 후쿠후쿠플라자복지센터 도서실, 카고시마대학 도서관에서도 자료수집이 이루어졌다. 각 기관과 관계자들께도 감사드린다.

규슈대학 마쓰바라 타카토시(松原孝俊) 교수와 리쓰메이칸대학 하라지리 히데키(原尻英樹) 교수의 도움에도 감사드린다. 손으로 작성된 노트의 일본어 해독은 안케이 유지(安溪遊地, 山口縣立大學) 교수가 도와주었고, 나카오 카쓰미(中生勝美, 櫻美林大學) 교수의 자료제공도 큰 도움이 되었다. 이토오 아비토(伊藤亞人) 교수와 오노사치오(大野左千夫) 학형의 격려와 안내가 이 작업을 가능하게 하였다. 전북대학교 임경택

교수의 충고도 잊지 못할 일이다. 파푸아로의 답사 준비와 인도네시아어를 지도해 준 조윤미 박사의 협조도 있었다. 서울대학교박물관 선일(宣逸) 학예사에게도 많은 신세를 졌다. 이 자리를 빌려 감사드린다.

두 번에 걸친 파푸아 답사는 주로 비악도를 중심으로 이루어졌다. 연구 비자가 아닌 여행 비자가 주는 제약점이 크게 작용하였다. 소르마을에서는 맘보보 선생 댁에서 기거하는 것이 가능하였고, 세르기우스의 가족이 우리들의 숙식에 큰 도움을 주었다. 움베르또 아르왐 선생이 통역 겸 안내 역할을 하였다. 이 지면을 빌려 맘보보 선생과 가족, 세르기우스와 가족, 움베르또와 가족에게 감사드리고 싶다. 움베르또의 막내딸 누미는 아내의 이름을 계승하였다. 이제 다섯 살이 될 누미의 건강을 빈다.

서울대학교 한국학장기기초연구사업비의 지원이 본서가 탄생하는 결정적인 역할을 하였음을 밝히며, 규장각한국학연구원의 무궁한 발전을 빈다. 서울대학교 인류학과에서 해외현지교육지원비라는 명목으로 제공해 준 자금이 2010년 8월 파푸아와 비악 섬의 여행을 가능하게 하였다. 함께 현지답사에 참가했던 대원들(이원휘, 지민주, 김지은, 이기현, 엄정민, 허성)과 아내의 노력도 함께하였다. 강호제현의 편달과 지도를 앙망하면서, 출판과정에 가없는 힘을 보태어 주신 서울대학교 출판문화원 관계자 여러분께 심심한 사의를 표하고 싶다.

2015년 1월

貴州大學 花溪 연구실에서 전경수

차례

그림 차례

1. 서: 남선북마(南船北馬)

'일본 안데스학 창시자'(大貫良夫 1988. 12. 10)이자 '도쿄대학 안데스학술조사단' 단장(泉 靖一 1966. 9. 21)으로 알려진 이즈미 세이이치(泉 靖一 1915~1970)의 학문과 인생에 관한 이야기는 그 자체가 하나의 드라마라고 해도 과언이 아니다. 제국일본의 전쟁기라는 시기가 그 드라마의 시간적 배경이다. 그는 1915년 동경에서 출생하여 소년 시절부터 식민지 조선의 경성에서 성장하였고, 등산과 탐험에 심취했던 경성제국대학(京城帝國大學) 학생 시절, 제주도 한라산 등반사고의 충격으로 1936년 5월 국문학에서 사회학으로 '전향'하였다. 사회학연구실의 학생으로 편입된 지 2개월 만에 북만주 흥안령(興安嶺)의 오로첸족 지역으로 파견된 것을 시작점으로 한 그의 민족학(또는 인류학) 수업은 제국일본의 전쟁구도 속에서 전개되던 학문의 궤적을 반영하는 하나의 대표적인 사례라고 해도 전혀 지나침이 없다.

1945년, 그의 나이 만 30세에 종전되었으니, '남선북마'라는 공간적 배경의 용어로 요약될 수 있는 10년간, 이즈미의 인류학적 학문활동은 제국일본의 '15년 전쟁'(1931~1945) 기간 내에 정확히 자리 잡는다. '남선'은 해군촉탁(海軍囑託)으로서 뉴기니(New Guinea)로 작업 나갔던 시기를 의미하는 것이고, '북마'는 만몽과 몽강, 그리고 화북을 중심으로 한 대륙에서 관동군(關東軍)과 그 휘하 특무기관의 안내 또는 협력을 얻어 인류학적인 자료수집 활동을 하던 기간을 말한다. 이즈미의 짧은 '남선'행은 다양한 '북마'행 사이에 끼어 있는 기간에 해당된다. 후일 일본학계의 대표적인 인류학자의 한 사람으로 인식된 이즈미의 학문적 여정은 전쟁 기간 동안에 전쟁 상황과 더불어 축적된 인류학, 즉 전시인류학(戰時人類學)의 대표적 사례일 뿐만 아니라, 일본 인류학사를 전개하는 과정에서 전시인류학이라는 용어의 적용 가능성을 가늠해 볼 수 있는 호례라고 생각된다.

"전시인류학(wartime anthropology)은 전시에 이루어진 모든 인류학에 대한 표제어로서 사용된다. 여기에는 각종 형태의 군복무는 물론, 스파이 행위를 포함하여 모든 전쟁행위에 적용되는 인류학의 이용까지가 해당된다. 그것은 민간활동, 전쟁특수, 전시인류학에 대한 비판, 전쟁 목적의 인류학 동원에 대한 거부와 회피까지도 포함한다"(Jan van Bremen 2003: 13). 전시에 전쟁과 관련된 인류학의 모든 현상을 포함하는 내용으로 전시인류학이라는 용어를 제안한 얀 반 브레멘(Jan van Bremen)의 설명은, 전쟁이라는 상황의 특수성을 인간활동의 모든 부문으로까지 확대함으로써, 전쟁이라는 특수한 상황과 인류학이라는 학문의 결합에서 비롯되는 치열한 문제의식을 희석시키는 경향이 있다. 인간활동을 전체로 놓고 볼 때, 전쟁은 그 한 부분에 지나지 않는다. 즉 부분의 성격을 전체로 확장하는 '물타기' 시도에 의하여 그 부분이 갖는 특수한 문제점이 불분명해질 수 있는 브레멘의 설명은, 부분이라는 현상에 초점을 맞춤으로써 구체적인 설명의 임무를 완수할 수 있을 것으로 생각한다. 전시인류학이라는 용어에 대한 브레멘의 설명은 전체와 부분을 혼동할 수 있는 여지를 제공한다.

전쟁이라는 특수한 상황의 역사성을 담아내는 학문적 활동의 문제점을 부각시키는 방향으로 논의의 쟁점을 수렴함으로써 전시인류학이라는 용어가 담고 있는 전쟁기의 학문적 현상과 그 문제점을 더욱 더 분명하게 전달할 수 있을 것이다. 코마로프 부부가 제시했던 '역사적으로 조성된 이해양식'(Comaroff & Comaroff 1992: 9)의 실천적인 에스노그래피(ethnography)로서 전시에 이루어진 인류학적인 작업에 초점을 맞추어 논의하는 것이 전시인류학의 정신이라고 생각한다. 실제로 브레멘은 그가 제시한 설명의 후반부에 대해서는 전혀 언급 없이 논의를 종결하였다. 따라서 전시인류학이라는 용어의 개념은 '전시에 이루어진 모든 인류학'이 아니라 '전시에 전쟁을 목적으로 인류학자에 의하여 수행된, 인류학과 관련된 작업'의 범위로 한정하는 것이 바람직하다.

과학사학자 나카야마 시게루(中山 茂)는 식민과학(colonial science)이라는 틀을 적용하여 경성제국대학과 타이호쿠제국대학의 활동에 대한 흥미로운 비교연구를 시도한 적이 있다(Nakayama 1971). 필자는 그의 연구가 보다 더 설득력을 얻기 위해서는 엄정한 시간대의 구분이 필요하다고 생각한다. '식민과학'이라는 틀만으로 두 대학을 바라보는 것은 한쪽 눈을 감고 당시의 세상을 바라보는 것이나 다름없다. 1937년 이후 대륙의 전쟁이 격화되었고, 1940년부터 일본군의 남진(南進)이 베트남 침공을 시작으로 하여 본격적으로 시작되면서, 두 식민지에 존재하였던 각각의 제국대학이 제각기 어떠한 역할을 부여받았는지에 대해서 구체적이고 실증적인 자료에 입각한 연구가 필요하다. 대륙병참기지(大陸兵站基地)로서의 조선과 남지·남양병참기지(南支·南洋兵站基地)로서의 타이완이라는 틀을 인식하지 않으면, 우리는 심각한 오해의 구렁텅이로 빠질 수도 있다.

식민지였던 조선과 타이완의 역할은 전쟁을 위한 물자를 동원하고 인력을 징용하는 최전방 기지였음을 망각하지 말아야 하며, 그러한 와중에 살아가던 사람들은 식민지라기보다 점령지라는 용어가 더 어울리는 곳에서 살았다. 그들의 일상생활은 전쟁과 직결되어 있었으며, 이는 만주사변(滿洲事變, 1931년) 이전의 식민지 상황과는 전혀 다른 것이었다. 극단적인 비유가 허용된다면, 만주사변 이전의 식민지 상황을 '평화'라고 했을 때, 중일전쟁(中日戰爭) 이후의 식민지 상황은 '전쟁'이었던 것이다. 평화의 시스템과 전쟁의 시스템이 사회적 양상을 완전히 다른 방향으로 전개시키고 있음은 경험적으로 충분히 입증되고 있다. 만주사변과 중일전쟁 사이의 전간기(戰間期)는 지역과 상황에 따라서 평화와 전쟁 또는 준전시 상황을 반복하고 있었다고 생각할 수 있다.

두 식민지의 전쟁수행 기능에 대해서 외면한다면, 우리는 당시의 전쟁상황에서 살아가던 사람들의 비참한 고통과 절망적인 삶을 이해할 수 없게 된다. 이를테면 중일전쟁 이후, 경성제국대학과 타이호쿠제국대학에 대한 이해는 식민지주의(colonialism)가 아닌 '점령지주의'(全京秀 2004. 5. 31), 즉 군사주의 또는 군국주의(militarism)라는 틀 속에서 이해해야 한다. 그래야 다음 시기로 이어지는 상황과도 무리 없이 연결될 수 있다. '군국주의는 제국주의로부터 발생하였다. 근대의 제국주의는 자본주의의 소산이다. 최근대의 제국주의는 군대를 사용하여 자본의 수출을 옹호하는 것'(佐野 學 1924. 6. 1: 391)이라고 하였다. 자본을 업은 제국주의가 군국주의의 탈을 쓰기 시작하던 제1차 세계대전 이후의 상황에 대한 문제의식이 간결하게 요약된 것이다. 급박하게 돌아가던 거시적인 정치상황의 변화에 맞추어 구체적인 내용에 근거한 정밀한 분석이 필요한 점을 지적할 수 있다. 사노 마나부(佐野 學)의 지적은 중일전쟁 이후 팽창하는 일본의 군국주의를 예견했던 것으로 이해할 수 있다. 제국일본의 식민지 시기였기 때문에, 식민지에서 이루어진 일은 당연히 식민지적 현상으로 이해되어야 한다는 단순사고에 근거한 분석은 현상을 정확히 이해하는 데 도움이 되지 않는다. 껍데기와 껍데기에 의해 둘러싸인 내용물을 혼동하지 않는 인식이 필요하다.

"일본육군의 외지에 대한 기본적인 전략방침이 메이지(明治) 이래의 전통적인 '남수북진(南守北進)'에서 '북수남진(北守南進)'으로 급속히 전환된 것은 쇼와15년(1940) 가을이었다"(竹松良明 2000. 2. 25: 77). 이어서 1941년 12월 8일 일본군의 진주만 공격으로 대동아전쟁은 본격적인 궤도에 진입하였고, 선제공격의 기선을 잡은 일본군은 필리핀과 남태평양의 도서들을 점령하기 시작하였다. 전선이 확대되면서 전쟁물자의 조달과 점령지의 민족정책이 심각한 문제로 대두되었으며, 그러한 문제에 대비하기 위한 정책적 활동이 순차적으로 수행되었다.

예를 들면, '동아공영권이라는 것은 일만북지(日滿北支)를 생활권, 중남지(中南支)를 작전권, 남방을 배양권으로 나누는 설이 있는데, 타이완은 그 중간에 있어서 남진 거점으로 본다'(座談會 1942. 4. 1: 54-81)는 관점이 제기되었고, 제국정부는 '남방 건설을 위해서 진출하는 요원의 연성기관으로서 흥남연성원(興南錬成院)의 설치를 결정, (1942년) 11월 2일 관보(官報)에 연성원의 관제를 공포하였다. 원장에는 타이호쿠제국대학의 초대총장을 역임했던 시데하라 타이라(幣原 坦), 연성관에는 안도 엔슈(安藤圓秀), 구리하라 미노루(栗原美能留), 카쓰라 사다지로(桂 定治郎), 이사에는 지요노부 미쓰오(千代延三男)'(南方情勢 75: 46)를 임명하였다.

1942년 6월 7일 일본군의 알류샨 침공 작전이 개시되었고, 미군의 반격이 8월 7일 뉴기니의 남쪽 과달카날 섬에서부터 시작된 것을 보면, 1942년 7월이 '대동아(大東亞)'의 군사적 권역이 최대로 팽창되었던 시점으로 생각된다. 대동아전쟁 발발 만 1년이 되던 날인 12월 8일 뉴기니 바사브아에서 일본군 800명이 옥쇄(玉碎)하였고, 이어서 1943년 1월 2일 뉴기니 동부 브나에서도 옥쇄가 이어졌다. 2월 1일에서 8일 사이 과달카날 섬에서 일본군 24,000명의 전·아사자가 나왔고, 4월 18일에는 연합함대 사령관 야마모토 이소로쿠(山本五十六) 대장도 솔로몬 군도 상공에서 폭사하였다. 결국 5월 29일 알류샨 열도의 앗투

(Attu) 섬에서 일본군 수비대 2,638명이 옥쇄하면서, 5월 31일 어전회의(御前會議)는 '대동아정략지도대강(大東亞政略指導大綱)'을 결정(말레이, 네덜란드령 인도네시아의 일본영토 편입. 미얀마, 필리핀의 독립)하였다.

1942년 가을부터 1943년 가을 사이, 서남태평양에서 미군은 육해공 전면전으로 일본군을 궤멸시켰고, 미국 잠수함들은 미크로네시아 해역에서 일본의 해상수송을 차단하기 시작하였다(Peattie 1988: 262). 1942년 가을부터 1943년 가을 사이의 1년은 대동아전쟁에서 일본군이 패전의 길목으로 들어서는 조짐을 보여준 결정적 시기였다.

본고는 이상과 같은 '결정적 시기'에 이루어졌던 이즈미(泉)의 '남선'행에 해당되는 뉴기니 현지조사와 그 결과에 대하여 소개하고 분석하는 작업에 초점을 맞추고 있다. 인류학자로 확인되는 이즈미의 작업은 인류학이라는 학문의 직업성으로 조명될 필요가 있다. "인류학자는 인간의 생활과 그 생활이 내포하고 있는 문화들, 사람들, 습관들에 대해서 알고, 이해하고, 가치를 부여하기 위한 모든 기회의 제공을 직업으로 한다. 그런데 나치인류학(Nazi anthropology)의 경우는 그 기회를 박탈했던 것이다"(Schafft 2004: 253). 나치인류학이 저질렀던 인류학의 반직업성(反職業性)을 감안한다면, '나치'라는 단어의 자리에 '대동아'나 '쇼와(昭和)'라는 단어를 대입하는 것이 가능하다고 생각한다. 인류학자라는 직업의 차원에서 이즈미의 활동을 저울질해 보는 것이 본고의 임무이다.

이즈미는 1941년 1월 초 군복무를 마치고 경성에 돌아와 '군대에서 돌아온 남자'가 되었다. 그는 오타카 도모오(尾高朝雄) 교수를 찾아가 장래를 의논하였고, 밖으로 나가지 않겠느냐는 권유를 받았다. "오타카 선생이 도쿄의 태평양협회[1]로 편지를 보냈는데, 의외로 빠른 답장이 왔다. 육군사정관(陸軍司政官)으로서 보르네오 원주민을 조사하는 일이 있다는 것이었다. 보르네오의 다약족, 특히 산(山)다약족이라면, 연구의 대상으로서 부족하지 않았다. 그러나 나는 육군사정관이라는 신분이 싫었다. … 1942년 가을 다시 태평양협회에서 연락이 왔다. 서뉴기니에 대규모 조사대가 파견되는데 참가하지 않겠느냐는 것이었다. 대장은 도호쿠대학의 타야마 도사부로(田山利三郎)[2] 박사이며, 대학이나 박물관의 지질학자들이 중심이 되고, 동식물학자와 농학자가 참가하여 6개 반으로 편성하는 계획이었다. … 나의 전문은 동북아시아여서 뉴기니에 대해서는 아는 바도 없고 해서 조사에 자신이 없었다. 그러나 … 당시의 조선에서는 할 일이 없었기 때문에 가기로 결심하였다"(泉 靖一 1971: 161－162). 이상의 기록과 관련된 이즈미 세이이치의 자필 이력서에는 다음과 같이 적혀 있다. "1942. 12. 18 뉴기니 방면 출장(1942. 12. 18~1943. 6. 17, 조선총독부) 뉴기니 민정부 사무촉탁(해군성). 부내한(部內限) 주임관대우(奏任官待遇)/1943. 1. 13 요코하마 발/1943. 6. 18 뉴기니 방면 출장 연장"(1943. 6. 18~1943. 12. 17, 조선총독부).

1942년 12월 18일 당시 그는 경성제국대학 학생주사보(學生主事補)라는 직책과 함께 이공학부 조수의 신분이었는데, 조선총독부의 출장 명령을 받은 것은 경성제국대학 직원들이 조선총독부 소속이었기 때문이다. 경성제국대학에서 해군성으로 직접 출장 또는 파견된 것이 아니라, 조선총독부의 출장 명령을 근거로 하여 해군성으로 파견되었던 것이다. 한 번의 출장 연장을 포함하여 공식적인 출장기간은 정확히 만 1년이었다. 그러나 뉴기니로의 항해기간과 부친 사망으로 인한 이즈미의 조기귀국 등을 고려하면, 이즈미가 실제로 뉴기니 지역에 체류한 시기는 약 7개월 정도이다.

1943년 1월 13일 요코하마에서 출발하는 선박을 타고 팔라우를 거쳐 뉴기니 북부에 있는 마노콰리에 도착한 것이 2월 5일이었다. 이즈미는 선박이 출항하면서부터 본부 총무로서 대장을 보좌하며, 조사대의 총괄적인 작업을 맡았다. 마노콰리 현장에 도착한 후부터 제3반에 배속되어 오지탐험을 수행하였고, 제3반의 작업이 완료되고 본대가 귀국한 뒤, 그는 비악도특별조사반의 작업을 위하여 6월 16일부터 비악 섬과 인근 도서에 체류하다가, 8월 3일 제25특별근거지대(特別根據地隊)가 있는 마노콰리로 귀환하였다. 그는 8월 22일 비행기로 뉴기니를 떠나서 8월 23일 동경에 도착하였다.

그 기간 중 이즈미가 자원조사와 학술조사를 병행하는 현지답사에 임한 것은 두 번의 작업이었다. 제1회 조사는 제3반의 일원으로 3월 5일부터 5월 29일까지 58일이 소요되었다. 제2회 조사는 스하우텐제도특별조사반의 일원으로 수피오리(Supiori) 섬의 모든 마을과 눈포르(Noenfoor) 섬을 답사하기 위한 6월 16일부터 7월 11일까지의 26일간이었다(泉 靖一· 中山稻雄 1944. 5: 3). 그 자신의 표현을 빌리자면, 실질적으로 그가 뉴기니 섬의 현지조사에 임했던 기간은 84일간인 셈이다.

따라서 본고는 이즈미가 뉴기니에 체류했던 시기를 셋으로 구분하여 자료를 정리할 것이다. 시기마다 그가 담당했던 작업이 특징적으로 구분되는데, 초반 일부는 '해군뉴기니조사대'의 본부대에 속하였고, 조사반의 일원으로 직접 현장에서 조사에 임했던 시기는 다시 둘로 나뉜다. 자원조사대 제3반과 비악도특별조사반이다. 따라서 본고는 두 조사반의 작업에 임했던 이즈미의 활동에 초점을 맞출 것이다.

2. 해군뉴기니조사대

'전쟁이 격화되면서 뉴기니는 제국일본의 초미의 관심사로 부상하였다. 뉴기니는 '신야마토(新大和)'라는 이름도 얻었다. 일본인류학계가 이곳에 대하여 본격적으로 관심을 갖게 된 것은 '미나미노카이(南の會, The Japan Society of Oceanian Ethnography)'라는 동인회 이름으로 발행된 사진집(南の會 1937) 때문으로 생각된다. 이 모임의 대표자는 마쓰모토 노부히로(松本信廣)였고, 그는 1937년 11월 27일 도쿄인류학회예회(도쿄대학 인류학교실)에서 '뉴기니 여행담(표본공람)'을 발표하였다. 동인의 명단에는 오카 마사오(岡 正雄), 고바야시 도모오(小林知生), 스기우라 켄이치(杉浦健一), 나카노 도모아키(中野朝明), 마쓰모토 노부히로(松本信廣), 야하타 이치로(八幡一郎)가 포함되어 있었다.

미나미노카이(南の會)를 후원한 사람은 남양흥발주식회사(南洋興發株式會社) 사장 마쓰에 슌지(松江春次)[3]였다. 일만지(日滿支)의 자원만족론(資源滿足論)이 아니라 '남(南)'을 포함하는 '일만지남 대블럭의 형성'(松江春次 1938. 12. 1)을 피력하였던 "마쓰에 씨와 사원들이 수집한 뉴기니 섬의 물건들과 함께, 뉴브리튼과 라바울에서 30년간 주재했던 고미네 이소기치(小嶺磯吉)의 수집품까지 포함하여"(宮本延人 1938. 1)

그 사진집이 출판되었다. 마쓰에 씨는 1932년 7월부터 마노콰리를 기점으로 상업적인 목적의 조사를 수행한 것으로 생각된다. 동인회 명단에 나타난 것처럼, 뉴기니에 대한 전문가는 없었던 것이 당시 일본 인류학계의 상황이었다. 도쿄대학 이학부 인류학교실에 근무하던 젊은 연구자가 뉴기니에 대해서 초보적이지만 본격적인 관심을 보인 것이 1942년 초였다(中野朝明 1942. 3. 1).

'화란(네덜란드)'의 식민지였던 네덜란드령 뉴기니는 북과 서남으로 분주(分州)되었고, 각 분주에 한 명의 부이사관(副理事官)이 통치를 담당하였다. 마노콰리부터 홀란디아(현재의 지명은 자야푸라)까지의 해안지대(산악지대는 불명료)가 북분주(北分州)였으며, 마노콰리가 북분주의 수도였다. 1942년 3월 일본 해군육전대가 이곳에 상륙하면서 마노콰리는 2만여 명의 일본군이 주둔하는 군사요충지가 되었다. 당시 행정구획은 편의상 그대로 둔 채, "부이사관을 대신하여 사정관이 배정되었고, 군장(君長)에는 인도네시아인이 임명되었다"(佐竹義輔 1963. 6. 15: 151). 1942년 5월부터 마노콰리에 미군 전투기의 폭격이 시작되었다. 10월에 민정부가 수립되면서, 왕자제지(王子製紙)와 미쓰이물산, 그리고 남양수산 등이 차례로 지사를 설립하였다.

"뉴기니에 대해서는 1942년 4월 서부의 마노콰리를 중심으로 군정을 개시, 서부뉴기니민정부, 동부뉴기니민정부(계획만)를 설치하였다. 1942년 10월 13일 뉴기니민정부로 개편하여, 그에 필요한 요원 약 1,800명이 그해 말에 도착하였다. 민정부 조직은 총감관방(總監官房=總務局), 개척국(開拓局), 위생국(衛生局), 조사국(調査局, 중도 폐지) 등이 있었다. 바보에 지부를 두었고 그 외 13개소에 사무소를 설치하였으나, 전국(戰局) 악화로 1944년 2월 1일 뉴기니민정부는 해산되었다"(秦郁彦 1981. 11. 30: 419-420). 중도 폐지되었다는 조사국이 뉴기니해군조사대의 실체인 셈이며, 이즈미는 이 조사국 소속으로 뉴기니에 대한 조사를 수행하였음을 알 수 있다.

군대의 전투에 의해서 점령지가 발생하면 곧바로 단기간 군정이 실시되고, 조속한 시일 내에 민정부가 구성되면서 점령지의 행정을 담당하였음을 알 수 있다. 뉴기니의 경우, 점령지는 1개월 이내에 군정부를 구성하여 약 6개월간 존속하였고, 그 후 조직된 민정부의 활동은 약 1년 3개월 정도 유지되었는데, 그 기간 동안 군 관련 기업들이 점령지에 진출하여 지사를 설치하였다.

"대본영육군부(大本營陸軍部)가 1942년 11월 25일부 대륙지제993호별책제일(大陸指第993號別冊第一)로서 남방군총사령관에게 시달한 '남방작전 점령지통치요강'이 있다. 이 요강은 총칙, 행정, 재정·금융·통화·무역, 자원의 개발취득, 교통, 민족, 종교, 선전의 8개 부문 28항으로 구성되어 있는데, 제6부문이 민족, 제7부문이 종교이다. 종교 부문의 제2항에 '기존 종교는 그것을 보호하고, 신앙에 기초한 풍습은 노력 존중하여 민심의 안정을 도모함으로써 아시책교화(我施策教化)에 노력' 하라고 적었다. 민족 부문 제28항에는 '원주민족에 대하여 먼저 황군(皇軍)에 대한 신기관념(神氣觀念)을 조장하도록 노력하고, 동아해방(東亞解放)의 진의를 철저히 하여 아작전시책(我作戰施策)에 협력하도록 하며, 자원확보, 적성 백인세력 구축 등에 이용할 것'"(岩武照彦 1989: 36-37) 등이 명시되어 있다.

이러한 기본방침에 근거하여 해군뉴기니조사대는 '1. 조사목적: 전쟁 필승에 필요한 주요 지질광산, 임산·농산자원의 개발과 기초자료의 수집. 2. 요령: 중심은 해군대신, 현지에는 당해 방면의 최고지휘권에 일체의 권한이 있으니 그 밑에 민정부총감을 두어 뉴기니조사대를 지휘하도록 하고, 총감 밑에 각국이 있으니 조사국이 이번 조사대를 조직하며, 대장은 그곳에 있는 조사국장이 맡아 지휘함. 3. 기구: 본부와 조사반(1-6)으로 구성'(佐竹義輔 1963. 6. 15: 3)하였다. 현역 해군대좌(뉴기니민정부조사국장)를 대장으로 하여 그 밑에 자원조사대가 편성되었으며, 동원된 학자들은 자원조사대 내의 각 반에 소속되었다(<그림 1>).

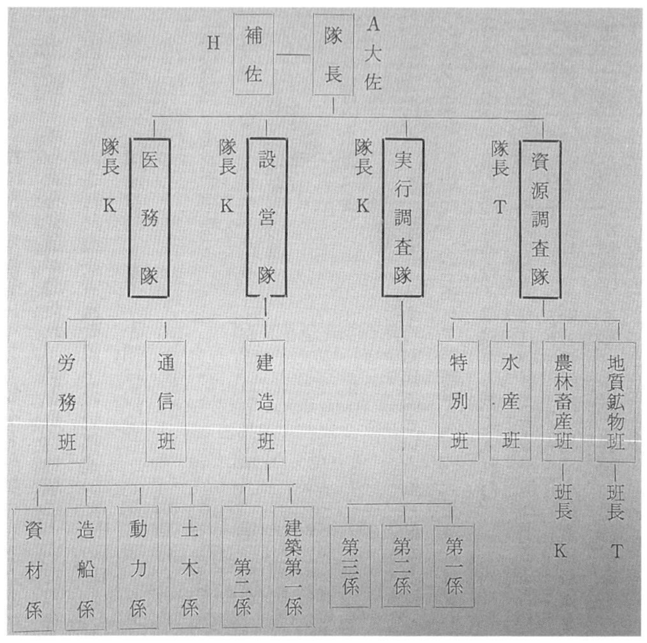

그림 1. 해군뉴기니조사대 편성표(佐竹義輔 1963. 6. 15: 59)

그림 2.
자원조사대장 타야마 도사부로
(佐竹義輔 1963. 6. 15: 30)

그림 3. 네덜란드령 뉴기니 탐험 위치도(金平亮三 1942. 1. 20: 55)

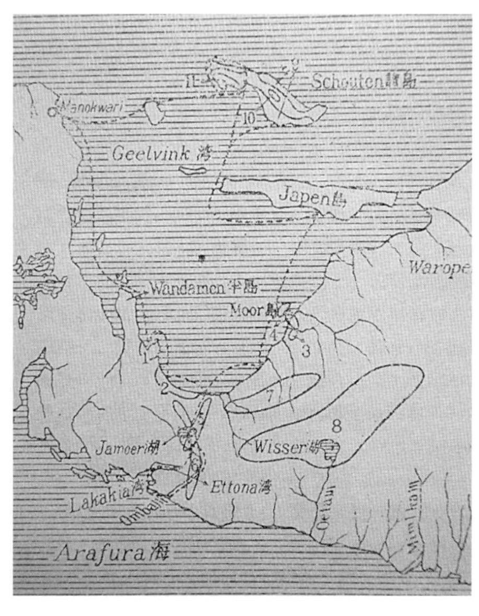

그림 4.
답사 행정과 부족 분포도
(泉 靖一 1950. 2: 19)

자원조사대장은 뉴기니 탐험의 경험이 있는 타야마 도사부로(田山利三郎, <그림 2>)가 맡았으며, 6개 반으로 구성하였다. 실행과정에서 약간의 변동이 있었지만, 각 반은 대체로 도호쿠제대 주체의 지질반으로 구성된 제1반(반장 八木健二, 도호쿠제대 조교수), 자원과학연구소 주체의 광물반인 제2반(반장 津山 尙, 문부성자원연구소), 과학박물관 주체의 농업반인 제3반(반장 佐竹義輔, 과학박물관 학예관), 교토제대 주체의 임업반인 제4반(반장 小畠信夫, 교토제대 강사), 측량을 주로 담당한 제5반(반장 波多江信廣, 조선총독부 기사), 남양흥발(南洋興發) 주체의 제6반(반장 兼松四郎, 남양흥발 기사)으로 편성되었다.[4] 본부에는 10인 정도로 구성된 별동대(座談會 1944. 2. 21: 54−55)가 존재하였으며, 별동대의 목적은 원주민들을 상대로 탄광 장소를 수소문하는 작업이었고, 정보 획득 후에는 그것을 확인하는 일이었다. 별동대장 역은 타야마 대장이 맡았다. 별동대까지 계산하면 모두 7개 반으로 조직된 셈이었다.

앞의 두 지도 중 <그림 3>은 1940년 2월 카네히라 료조(金平亮三, 당시 규슈제국대학 교수)와 타야마 도사부로(田山利三郎, 당시 남양청 열대산업연구소 광업부장/도호쿠제국대학 조교수)가 함께 답사한 지역을 표시한 것이고, <그림 4>는 이즈미가 참가하였던 자원조사대의 1943년도 답사지역을 나타낸다. <그림 3>의 탐험지를 표시한 곳과 <그림 4>의 답사 행정(점선)을 비교해 보면, 1940년의 답사지역과 기본적으로 동일한 동선을 보이며, 1943년에 두 지역이 추가된 점을 볼 수 있다. 추가된 지역이 이즈미와 그 일행이 답사한 곳이다. 이즈미가 제3반의 선견대 자격으로 답사한 지역이 헬빙크 만[5] 남쪽에서 아라푸라 해까지 육로로 연결된 야무르 협곡이고, 비악도특별조사반이 6월에서 7월까지 답사한 비악 섬이 북쪽에 있다.

해군뉴기니조사대에 관한 단행본을 남긴 사타케 요시스케(佐竹義輔)[6]의 기록은 1942년 10월 30일(금)에 시작된다(佐竹義輔 1963. 6. 15: 1). 즉 이 계획은 1942년 10월에 이미 구체적으로 진행되고 있었다는 이야기가 된다. 사타케에 의하면, 조사대의 기본적인 구성은 1942년 11월 11일에 완료되었다. 제5반 반장을 담당했던 하타에 노부히로(波多江信廣)가 '조사대 참가 요청을 받은 것은 쇼와17년 11월, … 그때는 모든 계획이나 준비가 정리된 단계였고, 단지 참가하여 조사에 종사하였다. … 돌연한 참가 요청'(波多江信廣 1968. 7. 20: iii–iv)이었다고 한 점을 보면, 조선에서 참가한 대원들은 조사대 구성작업이 일단 완료된 후에 추가되었음을 알 수 있다.

'각서(覺書) N. G., 쇼와17년 12월 21일부터, 이즈미 세이이치(泉 靖一)'라고 연필로 쓴 표지의 노트 한 권이 남아 있다. 노트의 첫 장은 '17. 12. 8 오전 10시 4분실에 집합'이라고 시작한다. 조사대의 편성(본부, 육상대), 조사방법, 기재, 기타(사물함 탁송방법, 복장, 우편방법), 우편의 경우 봉투를 작성하는 방법(전면: 海軍省南方政務部氣付 N調査隊行, 후면: 本部 泉 靖一)도 예시하고 있다. 도항증명서 작성, 1일 1원의 군표(軍票, 기루다)가 선중(船中)에서 배급된다는 안내와 출발 당일에는 파견수당과 여비도 지급된다고 하였다. "파견비(290원), 여비(50원)의 지급, … 현지에서 급여는 기루다–군표로 지급한다"(佐竹義輔 1963. 6. 15: 16). 12월 8일자 '집합'은 경성에서 간 사람들이 이미 편성된 조사대에 후속적으로 추가되는 과정의 집합이었던 것 같다. "12월 21일(월) 오전 10시, 제4분실에 집합. … 오후 1시 반부터 재차 제4분실에 집합. 아다치(足立) 국장, 타야마(田山) 씨의 인사가 있었다. 대의 편성 변경, … 의료반으로서 각 반에 한 명씩 의사가 배정되었다"(佐竹義輔 1963. 6. 15: 13). 경성제대에서 파견된 의료진이 이때 새롭게 각 반에 배치되었다.

그다음에 날짜가 적힌 것은 '18. 1. 3 민정부 내 타합회'로 시작한다. 1943년 1월 3일자에는 조사대 218명, 위생 19명, 기업(三井 12, 王子 305, 南興 305, 臺銀 3, 南運 3)의 내용이 보인다. 모두 865명이 참가하는 대규모의 집합임을 알 수 있고, 그중에서 위생담당 19명을 포함하는 자원조사대는 모두 237명이 되는 셈이다.

그림 5.
5종의 구(舊) 난령용 군표
(佐竹義輔 1963. 6. 15: 圖 104)

'사진 및 표품(標品)의 처리(안)'에는, 촬영된 사진은 전부 검열 대상이라는 점과 기밀을 요하는 것들은 원판을 조사국에 보관해야 한다는 주의가 적혀 있다. 개인적으로 필요한 사진은 2매를 촬영하라는 주석도 붙어 있다. 표품을 위해서는 개인적으로 표품대장을 작성해서 본부에 보고하도록 하고, 필요한 표품들은 모두 조사국에 보관하도록 한다고 하였다.

"쇼와18년 1월 4일(월) 오후 2시부터 태평양협회에서, 야부(矢部) 박사의 '남양의 지질'에 대한 이야기가 있었다. 3시부터 제4분실에 집합. 1−6반의 순서로 착석. 이즈미 세이이치 씨가 금년부터 주로 담당하게 되었다는 소개가 있었고, 그는 경성대의 학생주사라는 명찰을 붙이고 있었다. 경성대의 몽골탐험과 아울러 오대산 등반을 함께했던 사람이다"(佐竹義輔 1963. 6. 15: 16). 1월 6일(수) 조사원의 연락회의는 오후 1시부터 열렸다. 타야마 씨의 인사와 이즈미 촉탁의 조사요령에 대한 설명이 있었다(佐竹義輔 1963. 6. 15: 18). 1월 9일 연락회의의 내용은 '야마토(大和) 민족의 특징, 식량 병참기지, 남방의 거점'을 중심으로 하였고, 학술조사와 실행조사가 실시된다고 명시하고 있다. '자급자족 체제'라고 적은 것은 조사대가 활동할 때 내려진 지침인 것 같다.

이즈미의 일기에 날짜가 지속적으로 이어지는 것은 1월 11일부터이다. "1월 11일 숙부의 지시로 조부의 영정에 배례하였고, … 오타카(尾高) 선생에게 전화를 걸었으며, 제4분실로 갔다 …." 그날 이즈미는 "폭우가 쏟아지는 가운데 승함했는데, 먼저 주임(奏任)이 승선하고 이어서 판임(判任) 이하가 승선하였다. 13일에 출범하였는데, 관방장관이 송영을 나왔다. 하쿠산(白山), 묘코(妙高), 가쓰세키(勝關) 세 선박이 선단을 이루었고, 지토리(千鳥, 수뢰정)가 호위하였다. 이즈미는 그날 밤 「네덜란드령 뉴기니육군탐험대 조사보고(역)」를 읽었다"(이상 이즈미의 일기에서).

거의 동일한 시기에, 조선군의 주축이었던 제20사단(78, 79, 80연대와 평양의 77연대)이 1943년 1월 8일 수송선 야스쿠니마루(靖國丸, 11,930톤)로 부산에서 출발하여 뉴기니 웨왁에 1월 21일 도착(尾川正二 2002. 9: 17, 144)하였다. 제41사단은 화북(華北)에서 뉴기니 웨왁으로(尾川正二 2002. 9: 25) 향하였다. 미군과 접전을 벌이던 전선이 최악의 상황으로 치닫자, 부족한 병력을 보충하기 위하여 관동군과 조선군이 뉴기니로 급파되는 시점에 '해군뉴기니조사대'가 파견되었던 것이다. 즉 이즈미는 당시 격화된 대동아전쟁의 전장 한가운데로 빨려 들어가고 있었다.

이즈미의 기록은 다음과 같이 이어진다. "14일 … 갑자기 비행기가 날아와서 전원 전투 대비하였다. … 내일부터 개최될 연구회 준비를 하였다. 15일 조사대는 제1회 연구회를 열었고, 타야마 조교수가 '보켈콥 동남의 광산자원'이라는 제목으로 강화하였다." 16일 배는 하카타(博多)에 정박하였고, 다나카(田中), 스즈키(鈴木), 고바야시(小林), 소생(이즈미)의 성대(城大) 팀은 오무타(大牟田)와 토스(鳥栖)를 경유하여 나가사키대학까지 방문하였으며, 이들은 18일에 귀선하였다. "1월 18일(월) … 기차로 오무타에 갔다가 11시에 보트로 귀선. … 13시 반부터 이즈미 씨의 강화 '뉴기니 민족의 기술과 종교'가 있었다"(佐竹義輔 1963. 6. 15: 31).

19일 배는 정남으로 향하였고, 오후에 쓰야마 다카시(津山 尙) 씨가 '뉴기니의 식물계'라는 제목으로 이야기하였다. 다네가시마 오키(種子島沖)를 지났다. 21일 회귀선을 넘어 열대권으로 진입하였다. … 카나자와(金澤) 화백과 밤이 새도록 뉴기니의 민속과 탐험에 대한 이야기를 나누었다(이 밖에도 이즈미 노트의 많은 쪽은 연구회의 발표 내용으로 채워져 있다). 24일 팔라우 입항. 남양청의 하물과 타피오카 전분을 내렸다. 이곳에서 파푸아로부터의 소식도 들었다. 29일 출범을 늦추고, 대원 전원의 합숙과 연구에 대한 양해를 구하였다. 밤에는 남양 호텔에서 화요회 제100회 연구회에 출석하였다. 31일 농업반의 다나카는 본 섬으로 갔고, 다른 반은 코로르 섬으로 나갔다. 2월 1일 아침 8시 지질광물반 전원과 개척 관계 사람들을 합해서 갈라스마오[7]의 보크사이트 광산을 보러 갔다. 11시 반에 갈라스마오에 도착하였다. '남양 알루미늄'의 사원들이 영접을 나왔다. (이즈미는 여기서) 갈라스마오 촌의 조상과 관련된 전설을 채집하였다. 2월 3일 11시까지 승선 명령. 13시 45분 출항. 지금부터는 잠수함의 위험지대. 2월 4일 핫토리(服部敏)가 '문헌에 나타난 뉴기니 원주민의 치료법과 질병'이라는 제목으로 연구회를 개최하였다.

2월 4일 적도제(赤道祭). 갑판에서 적도제의 제1회 로맨스 윤강회로서 연애를 주제로 하였다(佐竹義輔 1963. 6. 15: 42). "2월 5일 적도를 넘은 시간이 5시 45분. 마노콰리 입항은 11시 예정. 2월 6일 양륙(揚陸)

작업이 시작되었고, … 2월 9일 제1차 조사준비위원회를 개최하였다. 2월 13일 조사대는 민정부의 외국(外局) 같은 존재가 되었다. 요코 오지(橫大路) 사정관(司政官)을 만나 인부의 급료 건을 의뢰하였다. 2월 14일 제1회 조사계획의 정서(淨書). 2월 17일 파푸아인 250명을 집합시켜 조사(혈액, 계측 등)하였다. 2월 19일 와루요리 강 상류에서 인도네시아 출신 오고탄(Ogotan)의 통역으로 인류학적 연구를 실시하였다. 9시부터 아르팍(Arfak)족 십수 명의 신체계측을 실시하였는데, 통역을 맡은 오고탄은 암본 출신의 전 경찰관이었다. 그가 인부들의 우두머리 역할을 맡았다. 6개 반의 계획도 입안하였다. 밤에는 조장회의를 개최하였다. 2월 21일 국장, 타야마, 하타에 및 사정관과 함께 야무르 지협(地峽) 조사에 관한 타합…"(佐竹義輔 1963. 6. 15: 66과 95).

그림 6. 오고탄(Ogotan) (앞에 앉은 사람, 佐竹義輔의 저서에서)

마노콰리에 도착한 뒤, 조사단은 현지에서 모집한 군부(軍夫)들을 포함하여 재구성되었다. "제1회 조사 … 제2반 … 조사지는 구 네덜란드령 뉴기니의 수도 마노콰리 근처 브라휘 강이다. 반의 구성은 조사원, 조수, 연락원, 통역, 경계병을 포함하여 일본인 총수 19명, 그 외에

팔라우 섬에서 온 카나카족 9명, 인도네시아인 순경 5명, 파푸아인 104명이 추가되어 총 150명이나 되는 많은 수가 있었다. … 카나카족 9명은 모두 측량반의 잡역으로, 인도네시아인 순경은 파푸아 쿨리(아시아계 일용직 노동자)의 감독으로 고용되었다. 파푸아인들은 하물수송의 쿨리로 이용되었다. … 카나카족 9명 중에는 6명이 나병환자였는데, 그중 1명이 사망하는 사태에까지 이르렀다. 파푸아인 104명 중에서 상시 수송에 사용 가능한 인원은 70퍼센트 정도밖에 되지 않았다" (田中正四 1944. 3. 1). 제2반의 의료진으로 참가했던 다나카 마사시(田中正四, 경성제대 의학부)의 글은 실질적인 조사대의 구성이 얼마나 복잡하게 이루어졌으며, 작업과정이 얼마나 어려웠는지를 반영하고 있다.

당시 조사대에 참여한 후, 후일 조사대에 관한 책을 남긴 모든 사람들(飯山達雄, 佐竹義輔, 波多江信廣 등)의 글에서도 동일한 내용을 접할 수 있다. 그중에서도 사타케의 저서가 정확하고, 이이야마의 저서는 다소 정확도가 떨어지는 내용을 포함하고 있다.

이즈미의 일기와 노트, 그리고 다른 참여자의 기록물로부터 알 수 있는 내용 중 하나는 뉴기니조사대의 참가자들 대부분이 뉴기니에 대한 전문적인 지식을 제대로 갖추지 못하고 있었다는 점이다. 각 분야의 전문가들이기는 했지만, 뉴기니에 대해서는 전혀 제대로 된 정보를 갖고 있지 못한 상태에서 현지로 향했던 것이다. 그나마 그들이 갖고 있었던 정보도 이미 20~30년씩 지난 낡은 것들이었고, 이즈미가 항해 중에 선상에서 읽었던 뉴기니 관련 서적도 네덜란드 육군이 20세기 초에 발행한 책의 번역본이었다.

1) 자원조사대 제3반 특별반: 와오부와 야무르 지협

헬빙크 만 남쪽으로 나간 '제3반(반장 佐竹義輔)의 편성은 다음과 같다. 지질반, 광물반, 임업반, 농업반, 수력반, 측량반, 의료반, 통신반,

통역, 잡역, 연락원'(佐竹義輔 1963. 6. 15: 17－18)의 20명으로 처음 구성[8] 되었지만, "3월 3일(수) 제3반원에 엔도(遠藤), 이즈미 두 촉탁이 추가되어 조사에 임하였다. 엔도 촉탁은 측량 책임자이고, 이즈미 촉탁은 수송과 인류반으로서 제3반에 충원된 인물들이다. 이즈미 씨는 제3반의 예찰대(豫察隊)로서 5일 출발하는 와카타카(若鷹, 사령관 전용선으로 기뢰부설함)호를 타게 되었기 때문에, 예찰사항에 대한 제3반의 희망사항을 주문받게 되었다. 1. 오지를 잘 아는 안내자를 획득할 것, 2. 오지에 대해 각 방면의 정보를 가능한 한 많이 수집할 것, 3. 인부를 가능한 한 많이 모집할 것, 4. 사고(sago) 전분을 다량으로 구입하도록 의뢰할 것, 5. 인부가 모집되면 본대가 출발하도록 결정되었다"(佐竹義輔 1963. 6. 15: 79).

동일한 내용이 이즈미의 필드노트에 다음과 같이 기록되어 있다. "3월 5일 선발대는 사령관(민정부총감) 전용선인 와카타카호에 편승하여 마노콰리를 출발하여 나비레에 도착하였다. 13일 모집된 인부를 데리고 와오부에 상륙하여 설영 준비를 하였다. 제3반 본대는 3월 12일 코난마루(岬南丸)와 다이니코쓰마루(第二光津丸)로 마노콰리를 출발하였으나, 와오부 만의 산호초에 좌초되는 바람에 14일 와오부에 입항하였고, 와오부와 나비레 사이의 무전(無電) 사항은 대장(隊長) 7.755메가 교신(交信) 7메가로 하루 세 번(07 : 30/10 : 30/20 : 30)으로 설정하였다"(泉 靖一의 필드노트).

"헬빙크 만 최남단에서 남쪽의 아라푸라 해로 연결되는 야무르 지협까지 조사하라는 명령을 받고, 선발대와 본대로 나누어서 활동하였다. 제3반의 기지는 헬빙크 만의 가장 큰 마을인 와오부에 설치하였고, 선발대가 남으로 가고 본대는 선발대가 목적 달성하여 귀대하기를 기다렸다. 2개월 예정으로 출발하였으나, 80일간의 조사가 진행되었다. 마노콰리로 돌아온 것은 5월 말이었고, 2회는 6월 초에 돌아왔다. 선발대는 주로 측량을 담당했는데, 야무르 지협을 횡단하는 조사였다. 그 사이 본대는 야무르 지협에 있는 야무르 호수 자원을 조사하였다. 교통은 모두 프라우(獨木舟)였으며, 이것이 마을과 마을 사이를 연결하는 교통수단이었다”(座談會 1944. 2. 21: 52).

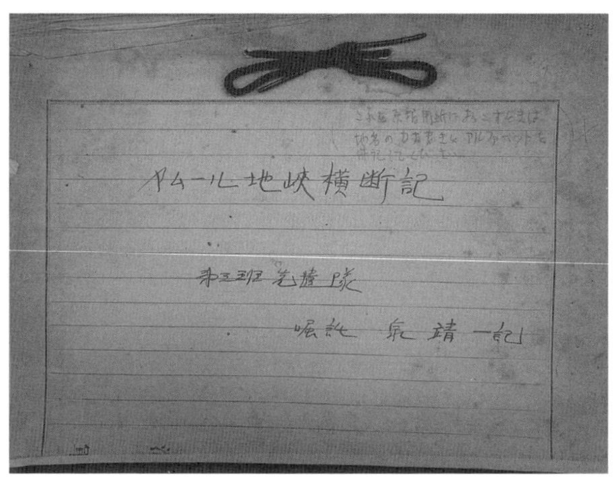

그림 7. 이즈미 세이이치의 「야무르 지협 횡단기」 원고

이즈미 세이이치의 이름이 표지에 적힌 ‘야무르 지협 횡단기(ヤムール地峡横斷記)’(‘海軍’ 用紙 59 + 2쪽)라는 제목의 필사본이 한 권 남아 있다(<그림 7>). 이것은 제3반 선견대(先遣隊)로 나갔던 엔도(遠藤), 핫토리(服部), 이즈미(泉)의 복명서에 해당되는 기행문 형식으로서 3월 5일부터 5월 11일까지의 기록이다. ‘목차 1. 준비, 2. 와오부에서 앙가디로, 3. 옴바 천(川), 4. 에토나 만과 키루루 산을 넘음, 5. 앙가디 호(湖), 6. 워로로미 천(川)’으로 정리되어 있고, ‘나판, 나비레 지구로 가서 군장(郡長)의 협력으로 나판, 웨이나미, 마키미, 모산, 마수파, 무르, 만보르, 나비레, 하묵, 콰티소레, 야우르 등 11개 마을에서 일주일 동안 141명의 원주민을 인부로 채용하였다. 전원 말레이어를 해독’한다는 설명으로 보아, 선견대의 또 다른 작업은 군부(軍夫)를 모집하는 일이

었고, 그들이 군부 모집을 위하여 적지 않은 시간을 보냈다고 생각된다.

3월 15일 18 : 00 와오부 도착. 다이산타카요마루(第三高陽丸) 입항으로 노다(野田) 일행이 도착하였다. 다이하쓰(大發, <그림 8>)[9]로 돌아가기 전 모두 송별회를 하여, 맥주, 주, 사주(蛇酒) 마심. "3월 18일(목) 와오부. 오고탄이 인솔하는 인부수송대(131명)는 6시 반, 선발대는 7시 반 야무르 호를 향하여 출발하였다"(佐竹義輔 1963. 6. 15: 109).

이 내용은 이즈미가 작성했던 '해군(海軍)' 용지에 작성된 필사 보고서(「야무르 지협 횡단기」) 13쪽에 다음과 같이 기록되어 있다. "3월 18일 와오부－루마바토우 … 5시 기상 인부를 집합시킴. 인도네시아의 쿨리 우두머리 오고탄에게 출발 명령을 내림. 131명의 쿨리들 선두에는 오고탄이 일장기를 휘날리면서 장사(長蛇) 대열이 줄지어 밀림 속으로 사라짐." 전원 출발은 7시 26분. 다이하쓰(大發)가 조사반의 본거지까지 반원들을 수송한 이후, 마을 사이의 이동은 파푸아 주민들의 교통수단을 이용하였다. "세 척의 프라우(獨木船)에 분승하여 이동하였고, 조수(漕手)는 파푸아 사람들이었다"(服部 敏 1944. 3. 1).

'선발대장인 이즈미 수송주임, 그리고 핫토리 의료반원의 보고'(佐竹義輔 1963. 6. 15: 124)에 의하면, 선발대는 선행대와 측량대로 구성되었고, 선행대가 측량대의 후속이동 유도 역할을 담당하였다. "이즈미 촉탁과 마스미쓰(益滿) 통역이 지휘한 오고탄 인솔의 파푸아 인부들로 구성된 선행대는 화물을 수송하는 그날 밤의 숙영지에 급행으로 설영 준비를 담당하였다"(佐竹義輔 1963. 6. 15: 125). 이즈미의 역할이 분명하게 드러나는 부분이다. 조사대의 최선봉에서 밀림을 개척하면서 후속 팀의 진행로를 여는 '선발대의 선발대' 격의 작업이었던 것이다. "3월 18일 최저 25도, 최고 29도 07 : 26 와오부 출발 15 : 40 오고탄과 선발대 15,975미터 맹그로브 숲 횡단. 와오부 강 08 : 30 도착. 09 : 36 휴식. 10 : 40 고개 정상 도착. 30도 경사 산길. 16 : 00 스콜. 건빵을 나누어 줌. 식사는 도중에서 멧돼지를 잡아서 먹음. 21 : 50 출발하여 야무르 노인에게 석유에 대해서 들음. 00 : 00 일시 귀환. 두베베 하(河) 해변에서 안개 때문에 길을 잃음”(이즈미의 필드노트). 모든 보급품은 현지에서 직접 조달하라는 당시의 상부명령이 실천되는 모습이다.

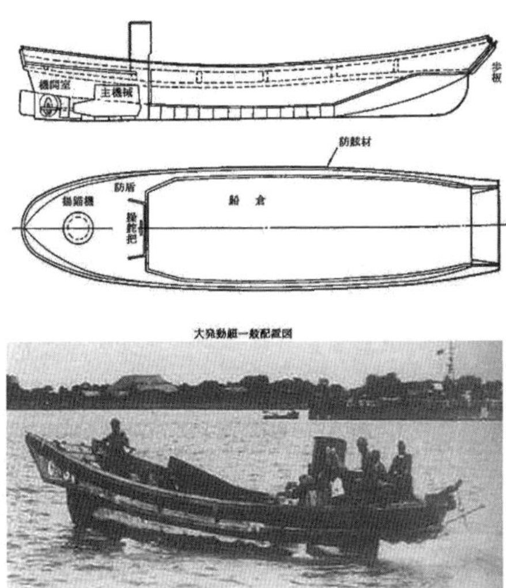

그림 8.
다이하쓰(大發, 대형발동기정의 약어)(wikimedia commons, 2007. 6. 13)

3월 18일 와오부-루마바토우, 3월 19일 루마바토우, 3월 20일 루마바토우–와티, 3월 21일 와티, 3월 22일 와티–아카마, 3월 23일 아카마–앙가디, 3월 24~28일 앙가디, 옴바 대(隊) 편성(측량 遠藤 촉탁, 武智 촉탁, 末永 촉탁, 矢葺 촉탁; 의료 服部 촉탁, 松尾 촉탁; 원주민 조사 泉 촉탁; 통역 益滿 촉탁; 경계대 川崎 병조, 岡崎 병조, 카나카 군부 5명), 앙가디 대(隊)(통신 早川 촉탁; 경계대(기상관측) 馬越 병장, 前川 일수, 카나카 군부 1명). 3월 29일 앙가디–마나미, 3월 30일 마나미, 3월 31일 마나미–아이메키, 4월 1일 아이메키–옴바, 3일까지 옴바 마을에 체류, 조사. 4월 4일 옴바–타렐라, 육도(밭벼)와 바바나 재배. 4월 5일 타렐라–에트나만 바마나. 에트나 만에 마을이 두 개, 하나는 부에마, 다른 하나는 시니미. 일본군이 들어온 후 부락 주민 중 여자와 어린이들은 모두 도주. *대동아 건설에 임하여 심각하게 생각하지 않으면 안 되는 대목이다. 그래서 촌민 한 명에게 일본군의 진의를 설명하였다.* 4월 6일 바마나, 4월 7일 바마나–키루루, 4월 8일 키루루–마나미. 줄곧 모기에 시달려 잠들기 어려웠다. 4월 11일 헤레가–앙가디, 4월 22일 앙가디 출발, 23일 루마바토우 도착, 24일 엔도(遠藤), 하야카와(早川), 카와사키(川崎) 병조, 미야자키(宮崎) 병장, 마에카와(前川) 일수 5명은 와오부로 향함. 4월 25일 루마바토우–빠뿌, 4월 26일 빠뿌, 4월 27일 빠뿌, 4월 28일 빠뿌–야오루, 이때부터 와로로미 강 입구 북방에 있는 야오루 촌을 근거지로, 와로로미 강 입구 부근을 정사(精査). 5월 7일 일체 조사 완료. 배를 기다렸지만 배가 고장남. 지연된다는 보고가 있어서, 11일 독목주(獨木舟)로 와오부의 제3반 근거지(根據地)로 갔다(이즈미의 필드노트에서. 이탤릭체는 필자 추가). 대동아 건설에 직면한 대원들의 선무공작이라는 부분도 명백하게 드러나는 대목으로, 이즈미는 이러한 문제가 자못 심각하다는 점을 깊이 있게 인식한 것으로 보인다.

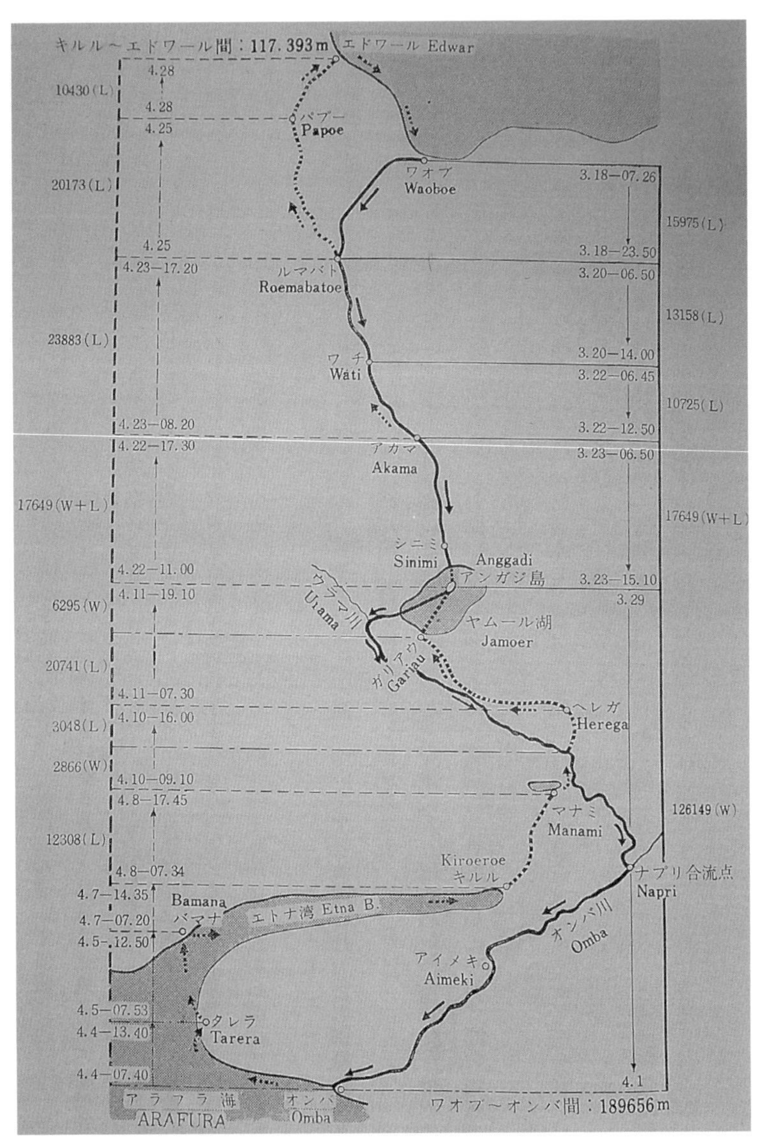

그림 9. 측량선발대 행동일정표(佐竹義輔 1963. 6. 15: 227)

이즈미의 필드노트는 모두 '153명'의 행진 방법에 대한 기록을 구체적으로 남기고 있다. 부류가 다른 사람들이기 때문에, 전체적으로 원활하게 움직이는 점을 배려한 것이다. "(1) 행군서열 선두반: 방인(邦人) 1명, 오고탄과 카나카 군부 3명, 중간반: 경계대 방인 3명, 측량반: 방인 4명, 카나카 군부 6명과 마스미쓰 통역, (2) 선두반은 인부 독려, 가급적 빨리 목적지에 도착하여 설영 준비. 필요사항을 측량반에 통지, (3) 중간반은 인부를 독려함과 동시에 목적지 도착 후 바로 식사 준비, (4) 측량반은 측량에 종사." 이 모든 과정을 면밀하게 조직하는 일이 이즈미의 몫이었다.

그리고 "어쨓든 간에 웨이나미 방면의 인부들은 내일 돌아가기 때문에 이즈미 촉탁과 마스미쓰 통역은 오고탄에게 인부들의 임금을 지불하게 함, 선무용 모포를 분배하는 데 깜깜해질 때까지 시간이 소비되었다"(佐竹義輔 1963. 6. 15: 287). 5월 31일(월) 마노콰리. 전도금 계산은 모든 업무 중에서도 가장 위험한 일인데, 모두 이즈미 촉탁이 담당하였다(佐竹義輔 1963. 6. 15: 304). 이러한 작업이 진행되는 과정에서 필연적으로 개입되었던 노무동원에 관한 문제는 또 다른 연구과제로 남는다(藤原明生 2005. 11. 26 참조).

다음의 두 지도 <그림 10>은 와오부 일대와 야무르 협곡의 조사 결과를 이즈미 세이이치가 만든 것으로, 이즈미의 자료 중에는 와오부의 지도와 유사한 것(泉 靖一 1950. 11. 1: 84)이 있을 뿐이고, 사타케(佐竹)의 저서 속에 포함되어 있다. 사타케가 그 사실을 기록으로 남겼다. 실지답사에 의해 제작된 부족 분포도로서는 비교적 상세하고 의미 있는 자료로 생각된다.

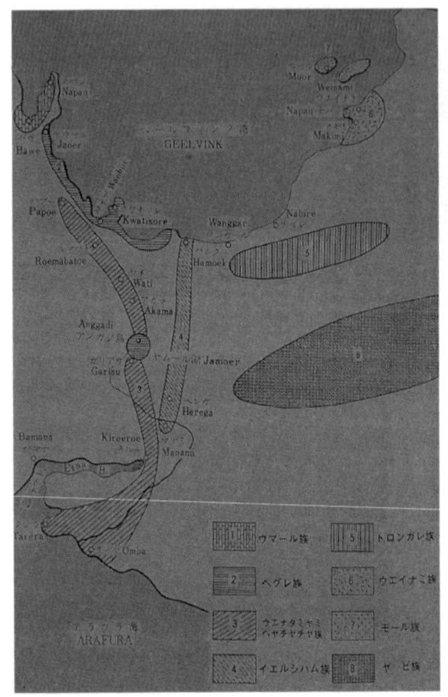

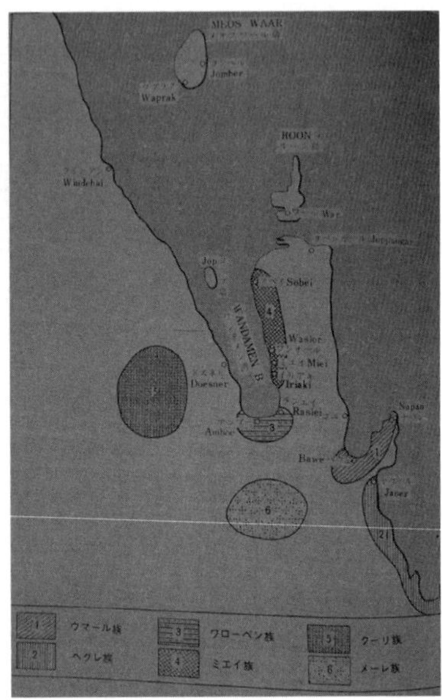

그림 10. 이즈미 세이이치가 제작한 파푸아 부족 분포도. 와오부 지역(좌, 佐竹義輔 1963. 6. 15: 283)과 완다멘 반도(우, 佐竹義輔 1963. 6. 15: 285)

사타케는 1943년 4월 2일부터 3일 사이, 와시오-루와 미에이 부근(제3반의 기지였던 와오부에서 가까운 곳)에서 적지 않은 민속자료들을 수집(佐竹義輔 1963. 6. 15: 165-169)하였다. '4월 19일(월) 와오부 (무전이 잘 되지 않아서 인간을 연락망으로) 9시 반장에게, 국장발: 토속품 수집은 민속연구상 필요하므로 대원들로 하여금 입수 장소, 날짜, 경로, 가격을 명기하도록 할 것'(佐竹義輔 1963. 6. 15: 203)이라는 연락문이 있었다. 국장이란 마노콰리에 본부가 있는 뉴기니민정부 조사국장을 말하는 것으로, 당시 국장은 해군 주계대좌(主計大佐)였다. "5월 19일(수) 와오부 아침 식사 전, 파푸아 마을들의 사진을 찍을 것. 기념이 되기도 하지만 앞으로 인류학적 자료가 될 것으로 생각하여…"(佐竹義輔 1963. 6. 15: 282). 사타케는 귀국 후 1944년 1월 25일부터 2월 3일까지 도쿄과학박물관에서 당시 수집했던 표본자료에 기초하여 뉴기니 자연과학자료전시회를 개최하였다.

2) 비악도(島)특별조사반

비악 섬은 마노콰리에서 160킬로미터 동쪽에 위치하며, 길이 75킬로미터에 폭 35킬로미터의 비교적 큰 섬으로, 광역으로 보면 파푸아에 속하지만, 마노콰리나 뉴기니 본섬과는 언어권이 다른 곳이다. 비악도특별조사반(반장은 하타에 노부히로 조선총독부 기사, <그림 11>[10])은 6월 16일부터 7월 11일까지 26일간 이 섬에 대한 조사를 실시하였고, "경성에서 간 사람들은 모두 함께 비악 섬을 공략하여 아주 좋은 성과를 올렸다. 토민의 정보로 석탄광을 두 군데 발견하였다. 토민이 종이에 싸 온 것 여섯 개 중에 다섯 개는 석탄, 한 개는 피치였다. … 비악 본섬과 수피오리 섬 사이의 해협 근처 아메노일 마을에서 강을 거슬러 올라가다 석유함유층과 유사한 화석광석을 발견했는데, 그것

그림 11.
하타에 노부히로(波多江信廣).
카고시마대학 정년퇴임 당시
(波多江信廣 1968. 7. 20)

은 석유징후를 보여주는 셈이다. 쿨리들 중에는 파푸아인들도 포함되었다"(座談會 1944. 2. 21: 57). 경성에서 간 사람들에게는 '경성조(京城組)'라는 별호가 따라붙기도 하였다.

이즈미는 이곳에서 비교적 학술적인 자료들을 많이 수집한 것으로 보이며, 특히 의료반의 체질인류학자인 스즈키 마코토(鈴木 誠)[11]는 이 지역에서 상당한 양의 인골을 수집하여 경성으로 가지고 갔다. 그러나 기존에 인쇄물로 발표된 이즈미의 업적들은 비악 섬에 관한 자료는 거의 없고, 주로 다른 지역의 자료들에 의존하고 있다. 따라서 본란에서는 이즈미의 필드노트와 기존에 발표되지 않은 자료들을 가능한 한 자세히 소개하려고 한다. 그 내용이 주로 비악 섬에 기반을 두고 있음도 주목해야 할 부분이다.

비악도특별조사반의 구성은 명확히 알 수 없다. 다만 그 구성의 기초가 된 것으로 생각되는 이즈미의 필드노트에서 그 윤곽을 알 수 있는 '편성표'를 볼 수 있다. 당시 '해군뉴기니조사대'에 참가했던 경성조가 전원 포함된 것이 특징이며, 이 편성표 자체가 완성된 것이 아님은 그 표가 완결된 구성원을 포함하고 있지 않다는 점으로 알 수 있다. '조직의 명수'로 알려진 이즈미의 필드노트에 나타난 내용과 이즈미가 '조직의 명수'라는 점을 기왕에 잘 알고 있는 하타에가 특별반의 반장이라는 점을 고려할 때, 조사반을 조직하는 과정에 이즈미가 깊이 개입했을 것으로 생각된다.

이 편성표의 하단부에 보이는 '코리도사무소 오노테라(小野寺)'라는 기록과 '소란(騷亂)의 지도원리분석' 난에서 '오노테라·스테펜 협정(協定)'이라는 표현이 비악도특별조사반 구성의 이유를 생각하게 하는 부분이다. 반장 하타에가 남긴 기록을 보면, "필자와 같은 평화부대에 의한 자원조사와 더불어 선무작업이 계획되었다. 위에 언급한 것처럼, 목적을 위해서 조사대는 의료반을 주체로 하고 필자를 주반으로 해서 조선 관계 대원인 이즈미(민속학), 핫토리, 고바야시, 다나카, 스즈키(모두 의료원), 이이야마(飯山, 사진)의 각 촉탁 외에 오카노(岡野), 이토(伊藤) 양 조수를 포함하여 조직했는데, 특히 요미우리신문사(讀賣新聞社)의 보도반원 사와 도시지(澤 壽次) 씨도 동행하였다"(波多江信廣 1968. 7. 20: 184). 즉 반장인 하타에가 남긴 기록에 의하면, 특별반 편성의 주된 이유는 선무공작이었던 셈이다.

하타에는 전후 카고시마대학 문리학부 교수가 된 후, 1953년 11월 28일 카고시마현 지리학회 월례회의에서 'ニューギニア調査談(뉴기니 조사담)'이라는 제목의 강연을 하였고(匿名 1954. 4. 20: 54), 후일 그가 답사했던 호르나(Horna) 탄전(炭田)에 관한 논문을 발표하였다(波多江信廣 1962. 9. 30). 그는 이 논문에서 전쟁 동안 해군성의 파견으로 뉴기니에 갔음을 밝히고 있다.

필자가 2010년 1월 코리도에서 만났던 팔십 대의 파푸아 노인들은 '오노테라'라는 이름을 분명히 기억하고 있었고, 그가 코리도에 주둔했던 '만세이후 리쿠센타이(滿政府 陸戰隊, 관동군에 대해서 이러한 표현을 사용한 것 같음)'의 대장이었으며, 그가 전후 두 차례나 코리도를 방문한 적이 있다고 하였다. 당시 만주국에 주둔했던 부대가 뉴기니로 급파되었음을 알 수 있다. 즉 오노테라는 육전대의 현역 해군으로 코리도에 주둔했던 부대의 책임자였으며, 이즈미는 특별조사반의 편성과정에서 '코리도사무소 오노테라'를 포함시키는 작업을 한 것으로 생각된다. 특별조사반을 편성하면서 현지 주둔군의 부대장을 특별조사반 편성에 포함시켜 '코리도사무소 오노테라'라는 기록을 남긴 이즈미의 입장에 대해서 다시 생각하지 않을 수 없다. 선무공작이라는 임무수행이 특별반에 부여되었을 것이라는 가정을 더욱 확신하게 하는 대목이다.

'오노테라·스테펜' 협정이라는 표현은 코리도의 육전대 책임자 오노테라와 그 지역 원주민의 대표자인 스테펜 사이에 이루어진 '협정'을 언급하는 부분임이 틀림없다. 일본해군으로서는 선무공작이 절실했던 코리도 지역에 대한 조사반의 중요한 임무를 고려할 때, 오노테라의 협력은 필연적인 사항이었을 것이고, 그러한 저간의 사정이 이즈미의 필드노트에 담긴 것으로 생각된다. 오노테라·스테펜 협정, 즉 주둔군 대표자와 현지주민 대표자 사이의 관계를 보여주는 '협정'이라는 것이 선행되어 있었기 때문에, 비악도특별조사반이 코리도에 도착했을 때, 육전대의 숙영지에 숙사를 정하지 않았고, 그들은 곧장 "스테펜에게 안내되어 마을의 교회 터를 숙사로 하게 되었다"(波多江信廣 1968. 7. 20: 185와 飯山達雄 1970. 7. 10: 94). 그 교회는 현재도 잘 보존되어 있으며(<그림 12>), 최근에는 교회 건물이 낡아서 그 옆에 새로운 교회 건물을 크게 지었다.

그림 12.
비악도특별조사반 숙사로 사용되었던 '코리도 교회'(2010년 1월 필자 촬영)

비악도에 대한 특별조사반 편성이 불가피했던 이유에 대해서 논의해 보고자 한다. 가장 큰 가능성은 선무공작일 것이라는 견해인데, 그것은 반장을 맡았던 하타에 노부히로로부터 제기되었다. "대동아전쟁이 시작되면서 사태가 긴박하게 돌아갔는데, 네덜란드 정부의 오랜 압제에 저항하여 이 섬에서 파푸아 왕국의 독립운동이 발발하였다. 그때 아가니타라는 노파가 있었는데, 이 노파가 돌연 신으로부터 계시가 있었다고 하여 주민을 상대로 신을 믿도록 하였고, 동시에 일체의 노동을 정지하고 매일 춤을 추고 있으면 하늘로부터 비행기와 군함, 식량 등이 떨어질 것이며, 결과적으로 파푸아의 독립왕국이 시작될 것이라고 포교하였다. 주민들은 교조 아가니타가 말한 신을 믿게 되었고, 특별한 음료를 마시면 신으로부터의 이익이 생길 것이라고 말한 물을 담은 작은 병을 허리에 차고, 매일 밤마다 춤으로 소일하였다. 이 소동에 편승하여 각 섬의 우두머리들이 군웅할거하여 결과적으로 전국시대의 상태가 되었다. 일본해군이 상륙하면서 평화공작을 위하여 아가니타 노파를 체포해 처형했지만, 섬의 파푸아 사람들은 아가니타의 처형에 대해서는 알지 못한 채, 선무의 교환조건으로서 아가니타를 돌려달라고 하면서 선무공작에 응하지 않았다. 본래 해군의 관리하에 있었지만, 선무가 제대로 이루어지지 않은 상태에서, 작전계획을 위하여 섬에 상륙한 육군 중위가 원주민에게 저격당하는 불상사도 있었고, 무력진압 시도도 있었지만 성공적이지 못하였다"(波多江信廣 1968. 7. 20: 183-184).[12]

이즈미가 남긴 보고서는 특별반에 부여되었던 선무공작이라는 문제를 증명하고도 남음이 있다. 해군 용지에 타이프로 쳐서 세로로 작성된 보고서(총 28쪽)의 제목과 일부 내용을 소개하면 다음과 같다.

ピアク島特別調査班民族班中間報告

スハウテン群島原住民ノ生活ト宗教 調査員 泉 靖一, 助手 中山稻雄原始民族ノ統治ハ先ヅ其ノ生活ト宗教ノ深イ理解ニ立脚シテ行ハナケレバナラヌ. 若シ斯ル理解ナシニ觀念的ナ理論ノ定規ヲ當テテ, 急激ニ生活ト宗教ニ壓迫ヲ加ヘルナウバ´ 彼等ハ匪賊化シテ騷亂ヲ引起シ之ガ收拾ニ多大ノ人カトオ月ヲ空費スルニ到ルノデアル, 南方占領地區ニ於テモ´ ソノ兆ガ 若干見エハジメタコトハ寒心ニ耐エナイ次第デアル. 何故ニ斯ル事態ガ發生スルカト云フニ, 原始民族ノ生活ト宗教ハ我我ノソレトハ全ク別ノ仕方, 觀點ニ立ツテイテ, 而モ妥協性ニ乏シク頑迷ニ之ヲ堅持シテ, 死ニ致ル迄曲ゲヨウトシナイ. … (中略) … 何レニセヨ原住民ノ生活ト宗教ヲ知ルコトノシニ民族統治ノ具體的方針ハ生レ得ノイノデアル. 最近ニ於ケル騷亂ノ中心地トシテ, ソノ影響ヲ廣ク西北ニューギニアノ各地ニ投與ヘテキルスハウテン群島原住民ノ民族學的調査ヲ命ゼラレタ小職ハ'ピアク島特別調査班'ノ一員トシテ六月十六日ヨリ七月十一日ニ至ル間左記ノ如ク行動シ, 其間大部分ハ原始民ト寢食ヲ共ニシツツ調査ニ從事シタ. … (1) 六月十六日 旅行, (2) 六月十七日－仝月二十一日 コリド附近調査, (3) 六月二十二日－仝月二十五日 ソユツク大村調査, (4) 六月二十三日－七月六日 スピオリ島全村調査, (5) 七月七日 コリドニテ資料整理, (6) 七月八日－同月十一日 ノンフオール島經由旅行.

從ツテスハウテン群島原住民ニ對スル民族工作ハ次ノ三ツノ段階ニ從ツテ行ハルベキモノト思考スル. (イ)先ヅ豫言者的指導者ノ切崩シ. (ロ)次ニ民政府ノカニヨル一多少ノ宣傳ヲ加味シテ一彼等ノ最低限生活ノ保證シ. (ハ)民政府ノ要求スル土地ニシラ, 而モサゴガ比較的多イ處ニ大量ノ人口ヲ, 家族グルミ移住セシメ, 勞動資源トシテ活用スルコト.

이 보고서를 작성하기 전에 먼저 「야무르 지협 및 헬빙크 만 남부의 원주민의 생활상황」이라는 보고서를 작성 제출한 바(위 보고서의

범례에 명기됨) 있는데, 이 보고서는 이즈미 세이이치의 유품 속에 있었던 필사된 노트에 기록되어 있는 것을 확인할 수 있었다. '중간보고'라는 제하에 스하우텐 군도(スハウテン群島)라고 적은 것은 네덜란드어로 스코우튼 군도(Schouten Islands)를 말하는 것으로, 제대로 읽으면 '스하우텐'이 아니고 '스코우튼'이 되어야 한다. '중간보고'의 공동저자로 되어 있는 조수 나카야마 이나오(中山稻雄)는 해군 필생[13] 신분이었다.

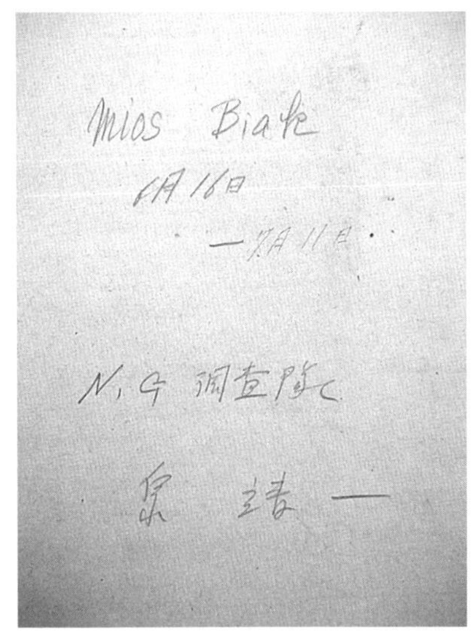

그림 13.
노트 겉표지에 적힌 내용
(Mios Biak 6月 16日－7月 11日
N. G 調査隊 泉 靖一)

이즈미가 기록한 노트 <그림 13>의 첫 쪽은 다음과 같은 44개 항목의 정리된 목차로 시작한다.

1. ビ島ノ班編成, 2. コリド到着, 3. コリドノ宿舍, 4. 調査計劃, 5. コリドニ於ケルGoeroeノ棒片, 6. 村及本土ニアル學校ノ名, 6. コリドノ傳說(Mose), 7. 戰爭, 8. コリドニ於ケルGoeroeノ歷史, 9. 村長ノ階級, 10. 村長ノ權限/Tarnateノトノ, 11. 經濟－交易, 12. 航海法(天文ヲ含ム), 14. 交換狀況, 14. 主食及副食·調理法, 15. 衣物, 16. 家屋, 17. 文身ノ模樣, 18. 豊詞, 19. 人體部分名, 20. 山人海人ノ問題, 21. 通婚祭·村入·村ノ象合, 21. 勞動時間 サゴ打, 21. 勞動時間 アイボレ切リ, 21. 勞動時間 畑作, 23. 勞動時間 漁撈, 23. 勞動時間 狩獵, 23. 分業, 23. 鍛冶屋, 24. Aminoeri行, 25. Napidoriノ樹上家屋, 26. Napidoriノ水上家屋, 27. Napidoriノ家族(海岸ニ來タ山人), 29. Sowek 到着, 29. 水上生活利點?, 30. パプアノ家ニ住ム, 30. 悪靈ト精靈·魔法師, 31. 天神Mansoren祭·祈, 32. 鍛冶屋及木造船, 33. Wakir Stefenノ家·食料, 34. Stefen(K)夜間ニ?, 34. Sowekノ歌, 35. 何故ニ爲メノ家族ガ一屋ニ住ムヤ, 36. パプアノ夜ノ生活, 37. 月ニ對スル觀念, 方向, 38. 兩マヂナフ·鍛冶道具, 41. 交易/陸地ニ住マスハケ, 43. Koerei島ノ人骨·葬儀, 44. Stefen一家財産·Stefenoeノ妻.

천년왕국운동이라는 용어는 이즈미의 목차에서조차 등장하지 않았고, 선무공작의 목표로만 설정되어 있었음을 알 수 있다.

조사대의 편성표를 제외하면, 모든 내용은 전형적인 에스노그래피의 그것과 다를 바가 없다. 이즈미는 26일간의 비악 섬 체류 기간에 수집된 자료들을 기초로 모노그래프를 구성할 생각을 했던 것 같다. 이즈미는 뉴기니의 남쪽 끝에서 작업하면서 불후의 명작인 트로브리앤드 에스노그래피인 『Argonauts of the Western Pacific』(1922)을 남겼던 말리노브스키를 생각했을 것이고, 자신은 뉴기니의 북쪽 끝에 있는 비악 섬의 에스노그래피 작성에 임하고 있음을 염두에 두었다고 생각하고 싶다. 말리노브스키의 트로브리앤드는 뉴기니 본섬에서 동남쪽으로 떨어진 곳에 위치하며, 이즈미의 비악은 뉴기니 본섬에서 서북쪽으로 떨어진 곳에 위치한다. 국문학 교실에서 사회학 교실로 전과한 이즈미가 최초로 읽었던 인류학 서적이 아키바 교수가 제공해 주었던 말리노브스키의 '트로브리앤드 에스노그패피(Trobriand Ethnography)'라는 점이 떠오르는 대목이다. 이즈미는 그가 태어난 해인 1915년경의 말리노브스키를 연상하고 있었음을 그가 제작한 목차로부터 연상할 수 있다.

그의 노트에 기록된 흥미로운 에피소드를 몇 가지 소개하고자 한다. "스즈키(鈴木)가 독신이라고 하자, (주민들로부터) 부인을 맞아 코리도에 살라는 이야기가 나왔다. (그렇게 하려면) 먼저 (처녀) 한 명에 100~150바란(이다). 케팔라(촌장)의 아들은 와르사 지방에서 부인을 데리고 왔는데, 그의 아버지가 케팔라였기 때문에 150바란이었다고 한다. 그 여자처럼 머리가 길고 몸매가 좋은 미인이 있다고 한다." 혼인할 때 지급하는 신부대(新婦代)에 관련된 이야기이다. '스즈키'란 동료인 스즈키 마코토(당시 미혼)를 말한다.

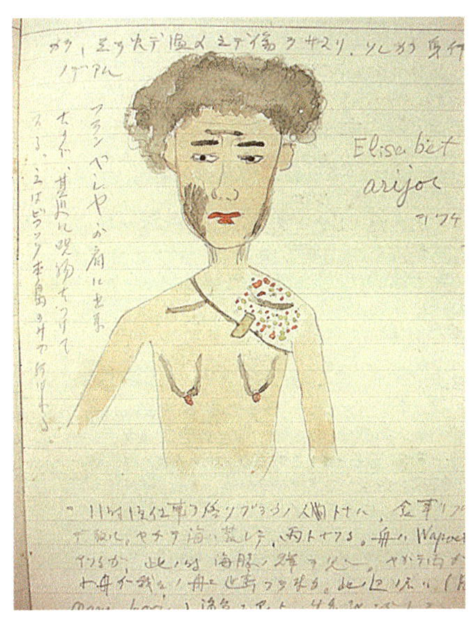

그림 14.
엘리자벳 아리조르(Elisabet Arijor, 코리도 촌장의 며느리)(이즈미의 수채화)

신부대의 지불은 접시로 하며, 접시의 단위가 '바란'이다. 보통은 접시 100개로 하는데, 신랑의 아버지가 촌장(케팔라)이라는 신분을 가진 경우에는 150바란을 지급한다는 말이다[신부 한 사람의 가격은 큰 접시 50개에서 100개(스하우텐 제도가 가장 비싸다)를 표준으로 한다](泉 靖一·中山稲雄 1944. 5: 23). 이즈미가 방문했던 다른 지방들에 비해서 코리도 지역의 신부대가 상대적으로 비싼 편이다. 필자가 비악 섬에 체류했던 2010년 현재에도 신부대는 접시로 통용되고 있었으며, 집집이 적지 않은 양의 접시들을 보관하고 있었다. 이즈미의 노트 기록은 다음과 같이 이어진다.

> 6월 24일 소웩(Sowek). 야간 호우로 추웠다. 어제 감기에 걸린 것이 심해진 것 같다. 비가 들이쳐서 스즈키와 모포를 머리까지 둘러썼다. 비가 약해지면서 날이 밝았다. 역시 노인들이 일찍 일어났고, 침실의 마르가리타와 자녀들이 늘어지게 자고 있었지만, 우리가 일어나니 그들도 일어났다. 오늘 돌아가는 사람들이 있다고 해서 일어나자마자 중국인이 홍편(紅片, 삐낭을 말함. 필자 주)을 폈고, 낭하에는 파푸아인들이 모였는데, 그렇게 나쁜 분위기는 아니었다. 오노테라 씨에게 말하여 크레이 섬으로 인골을 찾으러 나갔다. 마을 동쪽에 있었다. 단단한 바위섬의 서쪽으로 동굴이 있었다. 그 안에는 100개 가까운 인골과 석기가 있었고, 목제 인형 하나가 옆으로 굴려져 있었다. 스즈키가 대단히 즐거워했다. 함께 갔던 루베칸 와키르(roebekan wakir)는 강욕한(욕심이 많은. 밑줄은 이즈미가 그은 것) 자인데, 도저히 많이 가지고 나올 수가 없었다. 어찌어찌하여 그와 협의가 되어서 열예닐곱 개를 가지고 나왔다. 동굴의 이름은 아비잡(abijap)이라고 하는 오래된 매장지로, 만조 시에는 약 50센티미터 정도 물에 잠기는데, 노인이 죽으면 깊은 동굴 위에 선반을 만들어 그 위에 사체를 안치시킨다. 어느

정도 지나면 살이 썩고 뼈만 남는다. 집안사람이 죽으면 나무로 끄르와르라고 칭하는 목상(木像)을 만들어서 집안에 둔다.

그림 15. 소웩의 수상가옥(좌), 어선의 깃발(우)(이즈미의 수채화)

소웩은 코리도 건너편에 있는 반도의 끝에 형성된 큰 마을이다. 소웩과 코리도 사이의 해안선은 깊숙하고 좁은 만으로 형성되어 있으며, 이 만곡의 여러 곳에 촌락들이 흩어져 있다. 코리도에서는 교회를 숙사로 정했지만, 소웩에서는 일반 가정집을 숙소로 사용했음을 알 수 있다. 이즈미 일행을 안내했던 사람은 코리도 주둔군의 육전대 부대장 오노테라였다. 그들은 소웩 부근에 있는 크레이 섬을 방문하였고, 그곳에서 파식형 동굴을 이용한 동굴묘지를 보았다.

<그림 16>의 사진들은 뉴기니 조사에 동행했던 이이야마 다츠오

(飯山達雄, 조선총독부철도국 소속)가 찍은 것이고, 해설은 이즈미가 쓴 것으로 되어 있는 사진집에서 한 페이지를 인용한 것이다(飯山達雄·泉靖一 1958. 5. 20: 62).

パプアの霊魂遺骸に対する観念は文明人の想像をゆるさぬ敬けんさをもっている　納骨洞のある孤島は聖なる島として近づくことさえ忌み嫌われている

パプアの霊魂とカロワル

ヘールヒンク湾のパプアは、死者のためにカロワルと呼ぶ木偶（人形）をつくる。あるいはまたその木偶に頭蓋骨をはめこむこともある。彼らはこの木偶に死者の霊魂が宿っていると信じ、家の中に祭って食物と煙草を供える。数年の後、大きな祭りを行い、カロワルを村はずれの洞窟に持ってゆく。この時かぎり、死者の霊魂は西方洋上の死人の島に立ち去ると信じている。

死者の遺骸はタコの葉で素巻きにし　肉がくち落ちると　清水で洗い清めて島の洞窟に納め　木偶を作って死者の家にまつる

그림 16. '인골도' 및 '파푸아의 영혼과 끄르와르'

위쪽의 사진은 이즈미의 필드노트(6월 24일자)에서 '인골도'라고 불리는 파식형 동굴을 이용한 동굴묘지의 외관이고, 아래쪽의 사진은 묘장의 내부이다. 스즈키가 대단히 즐거워했던 그 현장이라고 생각되는 묘장이다.

두개골 중에서 어떤 것들이 스즈키의 체질인류학적 표본으로 수집된 것인지 궁금해진다. 사진 옆의 설명에는 끄르와르와 미오스 베폰디(死人島)에 대한 내용이 있다. "스즈키가 대단히 즐거워했다."라고 한 것은 체질인류학자인 스즈키가 인골을 수집할 수 있는 기회가 마련되었기 때문이다. 루베칸은 동행했던 원주민의 이름이며, 그의 직함이 와키르[부촌장에 해당되는 단어가 아니라 말레이어의 와킬(Wakil, 보좌역)이 사용된 것](泉 靖一· 中山稻雄 1944. 5: 25)이다. '강욕한'이란 '강욕(强慾)', 즉 강한 욕심을 부리는 사람이었다는 평이다. 즉 스즈키는 가능한 한 많은 인골을 수집하기를 원했고, 와키르는 그에 대한 대가를 많이 요구했던 것이다.

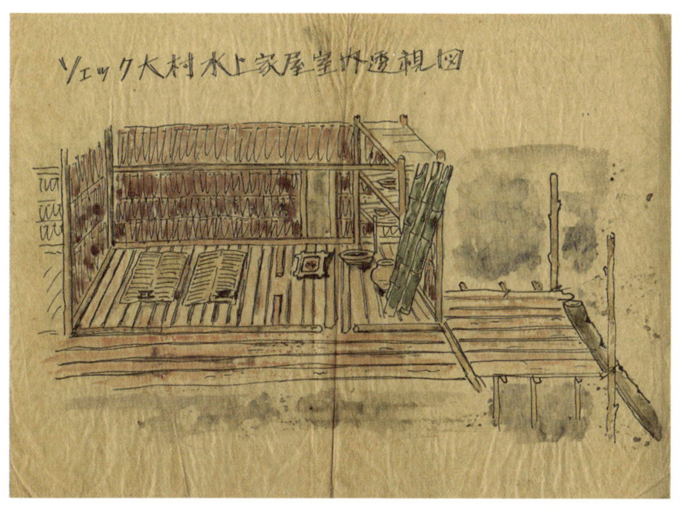

그림 17. '소웩대촌수상가옥실내투시도'(스즈키 마코토의 그림)

"수피오리 자료 두개(頭蓋) 19과(髁)는 소웩 메누베바(Sowek Menoebeba, 소웩 대촌)에서 이즈미 문학사와 함께 수상가옥에서 수 일간 지내면서 수집한 것이다. 이 소웩 대촌은 13개 촌이 집합된 것으로, 가구수 99, 인구 1,300, 완전 수상가옥 생활. … 우리가 숙박했던 만사완 촌의 부촌장 스테펜에게 우리의 희망을 이야기하여 동촌 소유의 두골 일부를 입수하였다. 노인과 여자들의 반대가 있었다. 욕구를 다 채울 수는 없었다. 만사완 소속 묘소 중 한 곳이 크레이 섬이었고, 크레이 섬 서방의 종유동 입구는 독목주로 수 분 거리였다"(鈴木 誠 1944. 3: 84-85). "두골 19과를 독목주로 옮겼다"(鈴木 誠 1944. 3: 86). 이 부분에 대한 스즈키의 기록에는 "골격 수집에서는 동행한 이즈미 문학사의 노력에 크게 힘입었다"(鈴木 誠 1944. 3: 80)라고 되어 있다.

두개골에 관련된 논의는 두 가지로 정리할 수 있다. 하나는 체질인류학적인 연구의 목적으로 두개골을 측정하고 수집하는 작업을 했던 스즈키 마코토의 작업이고, 다른 하나는 두개골을 중심으로 한 사자(死者) 관련 의례에 대하여 중점적인 관심을 표현한 문화인류학적인 작업이다.

'조사기간 중에 쿨리로 부렸던 사람들을 계측 조사한 것'이 총 662명이었다. 그중에서 수피오리-파푸아가 239, 비악-파푸아가 124로 주를 이루었다(鈴木 誠 1944. 3: 81). 조사로 얻은 모든 자료는 경성대학 해부학교실에 보관되었지만, 오늘날 어떻게 되었는지는 잘 모른다(鈴木 誠 1951. 4: 1). 두골을 수집한 장소는 헬빙크 만 남부 모르 섬, 서부 룸베르폰 섬, 스코튼 제도의 수피오리 섬(鈴木 誠 1951. 4: 1), 모르 섬 두개 29과, 수피오리 섬 두개 19과, 룸베르폰 섬 두개 8과, 마니키온 두개 1과. 전체 남 34, 여 23이다(鈴木 誠 1951. 4: 2). 그런데 본 자료 중에는 하악골(下顎骨)이 부속되어 있는 것이 적다(鈴木 誠 1951. 4: 3). 즉 수집된 두개골의 대부분은 하악골이 없는 상태라는 점이 지적된 것이다. 두개골을 수집할 당시 그 이유에 대한 청취조사가 이루어지지 않은 상황을 증언하고 있다. 그 결과 자료수집자는 수집된 두개골에 하악골이 없는 이유를 모르는 상태이다.

1870년 뉴기니의 동북 해안지방(현재 지명은 마클레이 해안의 봉가)에서 두개골을 수집했던 러시아 출신인 미클로-마클레이(Miklouho-Maclay)의 보고에 의하면, “모든 두개골에 하악이 없었다. 원주민은 고심해서 하악을 분리하여 사자를 기념하는 물건으로 비장(秘藏)하고 있었다”(Miklouho-Maclay 1982: 134). 그리고 봉가에는 때때로 죽은 사람의 가장 가까운 친척이 하악골을 팔뚝 윗부분에 팔찌로 차고 있었다(Miklouho-Maclay 1982: 370).[14] 따라서 스즈키가 수집했던 뉴기니의 두개골에서 대부분의 하악골이 없는 이유는 미클로-마클레이의 보고에 의존해서 설명하는 것이 바람직하다. 뉴기니에서 두개골 수집을 했다는 점에서 동일한 작업을 수행했던 미클로-마클레이와 스즈키의 시간 차이가 67년인데, 그동안 뉴기니에서는 사자(死者)의 하악골에 대한 처리방법이 어떻게 변해 왔는지가 궁금해진다. 분명한 것은 대체로 하악골이 두개골로부터 분리되어 있다는 점은 동일하다.

그림 18.
끄르와르(서울대학교박물관 소장)

당시 비악도특별조사반에 참여했던 인사로 후일 문서를 남긴 사람들은 모두 수피오리 섬의 꼬르와르에 대하여 다음과 같은 기록들을 남기고 있다. "꼬르와르라는 것은 '사자상(死者像)'인데, 그것은 사자의 두골숭배에서 변형된 것이라고 한다"(泉 靖一 1950. 5: 48). "시체가 해변에서 탈육되어 백골이 되면, 그것의 목우(木偶)를 만들어 제사를 드린다. 그러면 사령(死靈)이 목우로 이동한다고 생각하는 꼬르와르는 사자(死者)의 의미이자 곧 선조숭배를 의미한다"(鈴木 誠 1944. 3. 1). "융기된 산호초의 해식동굴 내에 다수의 두개골이 산란되어 있는 것을 발견하였다. 그곳은 묘장(墓場)이었다. 이야기를 들어보니 파푸아의 장식(葬式)은 수장(水葬)으로, 사람이 죽으면 시체를 타코라는 나무의 잎사귀로 둘러싸서 강 주변에 방치한다. 완전히 부패되어 뼈만 남았을 때 뼈를 수습하여 강물에 씻어 깨끗이 한 뒤 석회동굴(石灰洞窟, 墓場)에 집어넣게 된다. 후일 가족 중에서 사후 오랫동안 기념하고 싶은 사람이 있으면, 마치 문화사회에서 동상을 세우거나 흉상을 만들어 그 사람의 영예를 오랫동안 남기려는 것과 마찬가지로, 파푸아인들은 죽은 사람의 두개골을 꼬르와르라는 목우(木偶)에 넣어 집에 안치한 뒤 제사를 드린다. 해부학 전공의 스즈키(鈴木) 의료원은 곧바로 마을 사람들의 양해를 얻어 인골을 계측하였다"(波多江信廣 1968. 7. 20: 65－66).

이 내용을 스즈키의 기록(鈴木 誠 1951. 4: 2)과 대조해 보면, 호르나탄전을 방문하기 위하여 항해 도중에 들렀던 룸베르폰 섬의 얀베키리 마을에서도 계측만 한 것이 아니라 두개 8과(顆)를 수집했다는 것이다. "촌장의 유해(遺骸)는 밀림 속에 있는 특정한 대목(大木)의 가지 위에 올려서 풍장(風葬)을 한다. 세월이 지나 두개골만 남으면 주술사가 거기에 점토(粘土)를 붙이고 색칠을 하는데, 흰색은 석회로 하고 황색의 염료로 채색한다. 눈에는 자안패(子安貝)를 집어넣는다. 석회는 산호초를 구워서 만들고, 황색염료는 야생 우콩(울금)의 뿌리를 짜서 만

든다. 이것을 ㄲ르와르(우상이라는 뜻)라고 한다. 추장의 영(靈)을 부르는 의식을 통하여 선반 위에서 제사를 모신다"(飯山達雄 1970. 7. 10: 78). 이즈미와 스즈키의 기록은 비악 섬의 사례이고, 하타에와 이이야마의 기록은 마네키온족의 경우이다. 지역에 따라서 사체가 탈육되기 전까지의 과정과 ㄲ르와르를 만드는 방법이 약간씩 달리 보고되고 있음을 알 수 있다.

이즈미는 스즈키와 함께 인골을 수집하면서 ㄲ르와르에 대한 주민들의 상식을 이해하는 데 공을 들였고, 그 과정에서 인골과 관련된 수채화 몇 점을 필드노트에 남겼다. "7월 3일 분디 섬-소웬디에서는 베폰디 섬, 일명 ㄲ르와르 섬(死人島)에 관한 이야기를 수집하였다. 그 섬에서는 조상으로 여겨지는 흑백반사(黑白班蛇, insamios)에 관한 신앙과 함께 ㄲ르와르는 제사의 대상이 된다." 다음 그는 수피오리 섬의 가장 북쪽 끝에 있는 나피드를 방문하였다. 7월 4일 소웬디-소웩에서는 소웩 남안(南岸)의 인골도(人骨島)를 수채화(<그림 19>)로 그렸다. 특히 그는 인골이 많이 분포하는 알푸이 섬(<그림 20>)을 지목하였다. 사람이 거주하지 않는 작은 산호섬들은 거의 모두 인골이 있는 묘장(墓場)이었다. 인골도라는 이름의 섬이 존재하는 것은 아니며, 이 이름은 이즈미가 붙인 것이다.

비악 섬의 ㄲ르와르에 대한 완벽한 오해의 내용도 발견된다. "목상의 어깨 부분에 큰 쌍익(雙翼)을 부착했는데, 선수식(船首飾) 같은 조형의 한 양식으로 생각하는 것이 가장 자연스럽다. 헤르메스 상의 선수식으로 불리는 상세한 문헌을 조사한 결과, 이것이 그 실제 예가 될 것 같다"(金關丈夫 1944. 8. 1: 19). 문학에 조예가 깊었던 카나세키 다케오(金關丈夫)[15]는 사진까지 제시하면서, 자신이 발행책임을 졌던 『민속대만(民俗臺灣)』에 엉뚱한 방향으로 상상력을 발휘함으로써 ㄲ르와르를 배의 장식품으로 이해했던 글을 실었다.

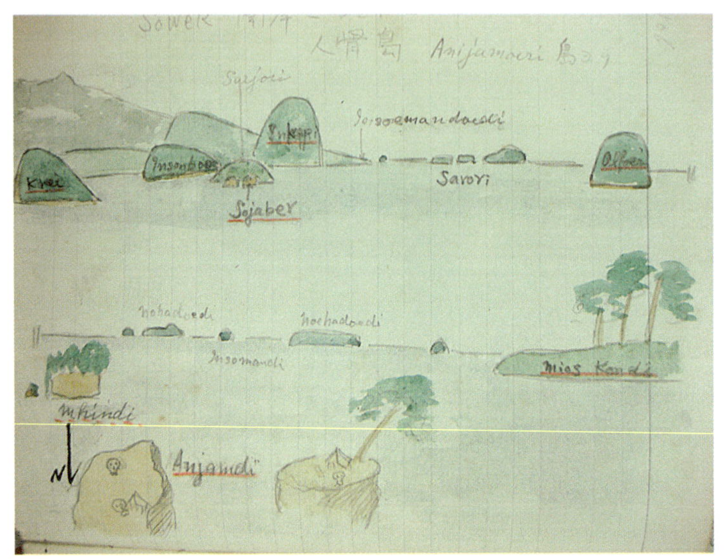

그림 19. 소웩 남안에 있는 '인골도(人骨島)'(이즈미의 수채화)

그림 20.
알푸이 섬에 널려 있는
두개골들(이즈미의 수채화)

2010년 8월 필자는 자야푸라의 첸드라와시대학(University of Chendrawashi: UNCHEN)의 박물관에서 진열된 끄르와르들을 볼 기회가 있었다. 당시 동 박물관의 학예사인 엔리코 콘돌로직(Enrico Kondologik)과 끄르와르 전문조각장 데니스 코이푸르(Denis Koipur)를 만나 끄르와르에 대한 설명을 들었다.

비약 섬의 끄르와르 조각장으로 으뜸가는 사람은 미카 론숨베르이고, 그는 현재 자야푸르에 거주하고 있다. 끄르와르를 만드는 것은 일종의 전승예능으로서 아무나 하는 것이 아니다. 조각장이 후계자를 지명함으로써 이어지고, 반드시 가족구성원의 라인을 따르는 것도 아니다. 끄르와르를 만드는 것은 조상 덕으로 하는 것이지 조각장의 개인적인 의지로 하는 것도 아니다. 조각장은 반드시 남자로만 이어진다. 데니스 코이푸르에 의하면, 조각에 끄르와르가 들어 있는지 아닌지는 느낌으로 아는 것이다. 그냥 끄르와르처럼 생긴 것은 암피아니르라고 하며, 이것은 끄르와르가 아니다(전경수 2013. 6. 10 참조).

<그림 21>을 보면 두 사람이 나란히 서 있는데, 앞이 엔리코이고 뒤가 데니스 코이푸르이다. 끄르와르라는 것은 앞에 있는 죽은 사람의 사령(死靈)이 그림자처럼 따라다닌다고 한다. 끄르와르는 일종의 보호령(保護靈)이다. 데니스의 경우, 끄르와르가 그의 몸체 속에 들어왔을 때 무지하게 행복한 느낌을 받았다고 한다. 끄르와르가 들어오는 것은 그의 몸체 뒤로 영혼이 달라붙어서 그의 그림자와 같이 되는 것이라고 설명하면서, 두 사람은 자세를 취해 주었다(<그림 21>). 이 사진에서라면 끄르와르는 데니스를 통해서 현현되는 것이라고 한다.

그림 21.
끄르와르에 대해서 설명하는
엔리코(앞)와 데니스(뒤)(필자 촬영)

해군에 제출한 이즈미의 보고서에는 비악 섬의 종교에 대해서 다음과 같이 정리되어 있다. '스하우텐 제도'의 종교는 뉴기니에서는 희귀하게 발전된 다음 네 가지의 특징 있는 종교사적 단계를 보여준다.

> (1) 미오스·베폰디(死人島) 신앙: 스하우텐 제도 사람들은 죽은 다음, 인간의 혼은 모름지기 이 섬으로 넘어가서 코라누 수라이(Koranoe Soerai)라는 촌장과 그의 처인 사신(蛇身, Insamios)의 지배하에 놓인다고 생각한다. 그 섬에는 두 개의 거대한 목우가 근사한 집안에 안치되어 있다. … 이를 특히 주목할 수밖에 없는 이유는 인구 약 25,000명의 이 제도에서 공통된 신앙으로 존재한다는 점 때문이다. 공통된 신앙으로 존재한다는 것은 통일된 정신적 단결의 존재를 의미한다.

(2) 악령 신앙: … 원주민들은 악령을 팍닉(Faknik)이라고 부른다. 곶, 섬, 해저 또는 강바닥에 있는 거석 등을 마로 팍닉(Maro-Faknik), 거목에 존재하는 것을 아이 팍닉(Ai-Faknik)이라고 부른다. 즉 팍닉이 머무는 섬이나 곶 앞을 밤에 통과하거나 해저나 강바닥에 있는 거석의 팍닉 위를 독목주로 지나가면, 또는 거목에 가까이 접근할 경우에는 병을 얻게 되어 죽음에 이른다고 알려져 있다. 악령을 보는 신력(神力)을 갖고 있는 주술사를 나비 팍닉(Nabi-Faknik)이라고 칭한다. 이전에는 나비 팍닉이 의사로서 환자에 빙의되어 있는 팍닉을 쫓아냄으로써 병을 낫게 하였다. 생물 전반에 스며 있는 영(靈)을 로우로(Roro)라고 한다. 생물이 죽음과 동시에 사체를 떠나 미오스 베폰디로 넘어간다고 한다.

(3) 음식물이 하늘에서 내려온다는 신앙: … 빈궁한 시기에는 반드시 음식물이 하늘에서 내려온다고 한다. … 수피오리의 신앙은 기독교 도래 이전에는 어느 정도 회교의 영향이 있었다고 생각할 수 있다.

(4) 지상신(至上神, 만세르난기): 스하우텐 제도 원주민들에게 신으로서 공통적으로 존숭되고 경외되는 신격으로 만세르난기(Mansernangi) 또는 만세르나라(Manserrnarah)와 토안 아라(Toan Arah)로 불리는 것이 있다. 이 신은 기독교 도래 이전부터 있었던 오래된 신앙으로 믿어졌으며, 기독교 도래 이후 기독교의 압박 중에서도 사람들의 마음에 뿌리 깊이 자리하고 있었는데, 이것이 전쟁 전후의 사회불안과 함께 네덜란드 권력의 급격한 후퇴와 일본 권력이 도착하는 사이의 무정부 상태 속에서 표면화되어 소란 중 지도원리의 동맥이 되었다(泉 靖一·中山稻雄 1944. 5: 31－32).

모두 네 가지의 종교적 현상이 정리되었는데, 첫 번째 것은 이즈미가 방문하지 못했던 섬(수피오리 섬의 북쪽 끝에 있는 마을 나피도에서 동

북쪽으로 150킬로미터 정도 떨어져 있는 베폰디 섬)에 대해서 전언으로 기록한 것이고, 세 번째와 네 번째 것은 천년왕국운동(千年王國運動)과 관련된 사항들이다. 두 번째 종교적 현상은 뉴기니에 보편적으로 퍼져 있던 악령에 관한 신앙이다. 즉 해군에 제출된 이즈미의 보고서가 보여주는 현지의 종교적 현상으로 기록된 것들은 지극히 피상적일 뿐만 아니라 재확인이 필요한 문제점들을 내포하고 있기도 하다. 자원조사와 선무공작 차원에서 짧은 기간에 이루어졌던 관찰기록이라는 점을 감안하고 읽어야 할 내용이다.

해군에 제출했던 보고서 중에서 가장 심도 있고 구체적인 기록을 남긴 이즈미의 기록은 천년왕국운동과 관련된 것이다. 장황하지만 인용해 보도록 하겠다.

> 이 제도(諸島)에 대동아전 발발 직전 아가니타라는 노파가 나타나 "바다가 마르면서 대전쟁이 일어나고 우리들이 행동하는 것에 올바름과 거짓이 문제가 되지 않는다. 전쟁이 일어나면 파푸아 왕국이 출현한다."라고 사람들에게 설파하였다. 많은 사람이 아가니타에 동조하였고, 그녀의 이름은 널리 퍼졌다. 그로 인하여 네덜란드의 관헌이 유언비어 죄목으로 그녀를 체포하여 보스닉(Bosnik)의 감옥에 투옥시켰다. 대동아전쟁이 일어나면서 일본군의 뉴기니 감정작전(戡定作戰)이 시작되자 네덜란드인은 도주하였다. 제도의 민심은 대체로 아가니타의 예언이 적중했다고 생각하게 되었고, 옥중의 아가니타에 대한 평판은 더욱 높아졌다. 그 후 아가니타는 곧바로 마노콰리의 해군부대로 넘겨졌다.
>
> 그즈음 마노콰리의 감옥에 있던 스테파누스라는 도적이 일본군의 폭격으로 파괴된 감옥에서 탈출하여 자신이 아가니타의 대변자라고 칭하면서 유유히 파푸아 왕국의 시대가 도래했다고 주장하였다. 네덜란드의 깃발을 거꾸로 하여 파푸아 왕국의 깃발로

삼기도 하였다. 아에르 카바르(Aer Kabar)라는 물을 발밑에 두면 불사신(不死身)이 되고, 탄환이 피해 가며, 목총에서 실탄이 발사된다고 설교하였다. 다른 한편으로는 일할 필요가 없다고 하면서, 네덜란드 시대에 금지되었던 야자주(椰子酒)를 만들어 마시고 종일 밤낮으로 대규모 춤판을 벌였다. 결과적으로 '스하우텐' 제도의 영향은 야펜 섬과 눈포루 섬에까지 전달되었다. 쇼와17년 12월 어느 날, 수피오리 섬 건너편에 있는 라니 섬에 수천 명이 집합하여 스테파누스를 중심으로 큰 무도회를 열었다. 바로 그때 제25근거지대(根據地隊)가 습격하여 스테파누스를 체포하고 해산을 명하였다. 그 후 아가니타와 스테파누스는 마노콰리에서 처형되었다.

이러한 상황에서 민정부(民政府)가 진주했는데, 그 직전 인도네시아 마을이 습격을 받아 한 명이 살해되고 한 명이 부상당하는 사건이 일어났다. 그때 선무(宣撫)를 위하여 수피오리 섬의 코리도와 비악 섬의 보스닉에 오쿠다(奧田)와 오노테라(小野寺)의 두 부대가 파견되면서 스하우텐 공작이 시작되었다. 당시의 정세는 수피오리 섬의 코리도에 스테판이라는 거두가 있었고, 비악 섬 북안은 루사니와 베르모리라는 거두가 장악하고 있었다. 보스닉에는 베르모리의 부하로 알려진 알베르토라는 남자가 부근의 지도자적 인물로 천거되어 아가니타와 스테파누스의 가르침을 기다리며, 밤낮으로 춤을 추면서 시간을 보내고 있었다. 오노테라 촉탁은 여러 차례 건너가서 비상한 노력으로 먼저 수피오리의 스테파누스와의 회견을 통한 선무를 수행한바, 스테파누스를 통하여 비악 섬의 베르모리와 교섭하여 회견에까지 이름으로써 일단의 양해가 이루어졌다.

쇼와18년 6월 17일 코리도에 사무소를 개설함에 이르러 소직(小職)은 비악 섬으로 넘어가 약 1개월간 상세한 조사를 수행하였

> 다. 그 사이 베르모리와 연락이 되어 귀순을 서약받았는데, 먼저 베르모리의 부하로 보였던 알베르토의 태도가 수상하여 조사해 보니, 그 배후에 스테파누스의 형(兄)인 얀이 존재하고 있다는 것이 판명되었다. 사상적 중심은 얀의 소재지인 보스닉의 서쪽 만수암이었다. 사정이 판명되었으므로 소직은 마노콰리로 귀환하여 결론을 포함하여 제반 사항을 복명하였고, 속히 대책을 수립하지 않으면 점차 커다란 소란이 일어날 것이라고 보고하였다. 그 후 민정부는 쿨리 모집의 필요성으로 무장한 수십 명의 사람을 만수암에 상륙시켰지만 약 5,000명의 창을 든 원주민들에게 포위되었다. 그로 인하여 일본인 희생자가 발생했을 것으로 생각되지만 소직이 귀환한 후의 일이기 때문에 상세한 것은 알지 못한다(泉 靖一·中山稻雄 1944. 5: 29−30, 밑줄은 필자 추가).

문장 중의 '소직'은 이즈미 세이이치 자신을 지칭한다. 비악 섬을 중심으로 전개되었던 원주민들의 천년왕국운동 와중에 일본군이 비악 섬에 상륙하였으며, 일본군에 의하여 과거의 통치자였던 네덜란드 관헌이 축출된 상태였다. 이즈미와 그의 일행은 사실상 19세기 이래 유행처럼 번졌던 멜라네시아의 천년왕국운동이 진행 중인 섬의 한가운데에 위치하고 있었으나, 그러한 종교적 운동 현상이 인류학의 중요한 주제였음을 눈치채지 못하였다. 목전의 선무공작이 긴급했던 상황이었음을 지적할 수 있다.

옥스퍼드대학 인류학과 출신으로 호주의 파푸아 행정부에서 정부인류학자 역할을 하면서 1920년대 후반 파푸아의 바일라라광증(Vailala Madness)에 관한 연구를 남긴 프란시스 윌리엄스(1893~1943)[16]의 기록들에 대해서도 제대로 학습되지 않았던 당시 일본인류학계의 상황을 반영하고도 남음이 있다. '원주민운동(nativistic movements)'에 관한 랄프 린튼(Ralph Linton)의 논문이 출판되었을 때(Linton, 1943), 이즈미는 전쟁물자의 탐색을 위해서 뉴기니의 전장인 비악 섬에 있었다. 그는 '원주민운동'의 현장에서 직접 그 광경을 목격하고, 그 와중에서 '원주민운동'의 비악판(版) 리더와 협상을 벌이고 있으면서, 그가 체험하고 있는 대상이 인류학적인 주제였다는 사실조차 모르고 있었다. 그것이 군속인류학의 한계였음을 지적하는 것은 전혀 무리가 아니라고 생각한다. 결국 천년왕국운동에 관한 연구는 후일 피터 월슬리(Worsley 1957)의 기념비적 업적으로 돌아가고 말았다.

이즈미의 보고와 거의 동일한 내용이 후루노 키요토(古野清人, 당시 민족연구소 조사부장)의 문서에서도 발견된다.[17] "1943년 12월 30일 후루노와 오이카와 히로시(及川 宏)가 민족연구소 파견으로 자바, 수마트라, 셀레베스, 말라이, 타이 방면의 조사를 위해 출발하였고, … 후루노는 남방으로부터 (1944년) 5월에 귀조(歸朝)하였다"(宮本馨太郎 1972: 508). 후루노가 해군에 제출되었던 이즈미의 보고서를 참고하여 비악 섬의 천년왕국운동에 관한 자료를 정리했는지, 아니면 다른 곳에서 정보를 얻어서 작성했는지에 대해서는 확인할 길이 없다. 민족연구소의 조사부장으로서 그의 직분을 수행하는 과정에서 해군 보고서를 보았을 가능성이 높다. 왜냐하면 이즈미는 1943년 11월에 보고서 작성을 완료해 제출하였고, 그 보고서의 인쇄물은 1944년 5월에 나왔다. 이 두 시기 사이에 후루노가 남방에 관한 자료들을 수집하면서 해군에 제출되었던 이즈미의 보고서를 보았을 가능성이 있다.

비악 섬의 멜라네시아적인 천년왕국운동에 대한 또 다른 관찰이 당시 타이호쿠제국대학의 카나세키 다케오(金關丈夫) 교수에 의해서 제기된 경우도 있다. "친구 하세가와 타다시(長谷川正)가 최근 뉴기니에서 돌아왔다. 현지에서 촬영한 사진을 보여주었는데, 목우 사진이 있었다. 하세가와의 설명에 따르면, 북부 뉴기니의 헬빙크 만 입구에 옆으로 비스듬히 있는 비악 섬의 주민이 영험한 우상으로 숭배하는 것이라고 하였다. … 그 신체(神體)를 적신 물을 몸에 바르면 총탄에 맞지 않는다”(金關丈夫 1944. 8. 1: 18)라고 하였다. 카나세키의 경우는 끄르와르와 천년왕국운동을 결합하여 이해함으로써 새로운 엉뚱한 정보를 제공하고 있다. 하세가와가 경험하였던 1944년의 비악 섬은 이즈미가 떠난 뒤의 상황을 말해 주는 것이다. 이상과 같이 비악 섬의 천년왕국운동에 대한 관심은 제대로 학문적인 자리를 잡지 못한 채 패전을 맞은 것이 일본민족학계의 상황이었다. 말하자면 군속인류학이라는 것의 실상과 한계를 이 대목에서도 확인하게 된다.

『민족학연구(民族學硏究)』에 게재되었던 이즈미의 논문 중에는 중심 주제가 ‘사회조직(社會組織)’인 것이 있고, 그 논문의 부제에 ‘구조(構造)’라는 단어가 제시되어 있지만, 그 내용은 지역별로 어떤 부족들이 분포하고 있는가에 대한 초보적인 정보를 나열했을 뿐이다. 환언하면, 1935년 타이호쿠제국대학에서 발행했던 『타이완 고사족계통소속연구(臺灣高砂族系統所屬の硏究)』(타이호쿠제국대학 토속·인종학연구실 1935. 2)와 유사한 방향의 글임에도 불구하고, 그 내용 면에서는 전혀 비교되지 않을 정도로 빈약한 것이다. 그럴 수밖에 없는 것이, 마부치 도이치(馬淵東一)가 타이호쿠제국대학 학생 시절에 적극적으로 참여했던 고사족(高砂族, 타이완 원주민) 계통에 관한 연구는, 우츠시카와 네노조(移川子之藏) 교수를 중심으로 연구실 전체가 1930년부터 1932년 사이 약 2년간 공을 들여 체계적으로 작업한 결과를, 309매의 계통도(系統圖)와 562쪽으로 정리한 것이기 때문이다.

이즈미의 글은 ‘사회조직’, ‘구조’ 등의 인류학적으로 중요한 단어들을 제시하고 있지만, 그 내용 면에서는 ‘계통’을 추구하는 글이라고 말할 수도 있다. 그러나 질적인 면과 정확성이라는 면에서는 크게 떨어지는 것으로, 후일 어느 누구도 인용하지 않는 작품이 되고 말았다. 비악도특별조사반의 일원으로 선무공작에 치중했던 이즈미가 해군에 제출한 보고서 수준과 거의 대동소이한 작품이 『민족학연구』에 게재된 것이 1950년 일본민족학계의 수준으로 이해될 수 있다. 1930년대의 학계 수준과 1950년의 수준을 직접 비교하다 보면, 그 중간 과정에 삽입되어 있는 전쟁기의 의미를 새삼스럽게 느끼게 된다. 전쟁기간 전장으로 끌려다닌 학자들의 작업은 궁극적으로 학계 전반을 엄청나게 후퇴시키고 있음을 분명하게 지적할 수 있다. '군속인류학'의 의미를 이해함에 있어서 실질적인 증거로 사용할 수 있는 내용이다.

3. 군속(軍屬)의 학술조사: 위장과 은폐

제1차 세계대전이 발발하여 일본군이 남태평양의 독일 식민지를 점령했을 때, 일본학자들이 1914년 11월부터 해군성의 촉탁으로 파견된 적이 있었고, 그때 동경제대 인류학교실의 마쓰무라 아키라(松村 瞭)가 촉탁 신분으로 참가한 적이 있다(松村 瞭 1917. 3. 31). 대동아전쟁에 동원된 학자들의 규모와 작업의 종류를 제1차 세계대전 때의 그것들과 비교해 보면, 그 양과 질적인 면에서 천양지차이다. 대동아전쟁의 경우에는 부족한 전쟁물자의 확보라는 차원에서 학자들이 동원되었기 때문에, 학자들의 작업 자체가 전장(戰場)에서 군인들이 경험하는 것과 거의 동일한 상황이었다.

그럼에도 불구하고, "철이다, 석유다, 약초다 하면서 자원조사대가 파견되고 있는데, 그것은 전쟁을 위한 부족자원을 획득함이 당연한 것이지만, 그것과 병행하여 순수 학술조사를 근본적으로 계획·수립하는 것이 필요하다고 생각한다. … 순수 학술조사도 자원조사와 병행할 수 있다"(多田文男 1942. 12. 5: 127)는 주장도 제기된 바 있었다. 그러나 다다(多田)의 주장이 과연 실질적으로 실현가능하겠는가? 학문이 군속이 되는 구도 속에서는 불가능한 희망사항뿐이라는 점을 본고는 구체적으로 논증하려고 한다. 오로지 한 가지 가능한 것이 있다면, 그것은 전쟁이라는 현상 자체를 연구하는 학술조사일 수 있다.

필자는 해군뉴기니조사대 전체의 학술조사 활동에 대해서 집중적으로 논의할 생각은 없다. 그러나 그러한 상황과 조건 아래서 수행되었던 학술조사의 성격에 대해서는 명백히 언급할 필요가 있다. 따라서 학술조사 전체가 아니라 인류학 분야(요즈음 우리가 이해하는 수준의 범위를 말함)와 관련된 활동으로 한정하여, 당시 조사대에 참가했던 분들의 활동과 업적에 대해 가능한 한 심도 있게 논의해 보고자 한다.

먼저 학술조사의 진행과정에 대해서 구체적인 기록들을 검토해 보기로 한다. 물론 군사적인 차원의 자원조사 수행과정에서 부차적으로 이루어진 학술조사라는 점을 이해할 필요가 있다. '2월 6일(토) 대(隊)의 편성은 군대편성'(佐竹義輔 1963. 6. 15: 52)이고, 본부로부터 다음과 같은 통고가 있었다. 일과표: 1. 다음날 9일 일과 04 : 00 식사당번 기상, 04 : 20 식사당번 본부 집합, 05 : 50 전원 기상, 06 : 00 전원 집합 조례(朝禮), 06 : 30 하역작업원 출발, 06 : 50 다른 작업원 출발, 08 : 00 측량반 본부 집합, 21 : 00 소등(消燈)(佐竹義輔 1963. 6. 15: 56). 5월 30일 스기야마(杉山), 이시리(井尻), 나가토(長戸), 이즈미(泉), 핫토리(服部)는 국장과 사령관을 방문. 귀환 인사를 하였다. 25근 사령관으로부터 위로의 의미가 담긴 청주 다섯 되를 기증받았다. 3일 마노콰리를 출항하는 쇼코마루(桑港丸)에 승선·귀환하라는 명령을 받음'(佐竹義輔 1963. 6. 15: 340). 이들은 귀국신고를 하러 간 것이다. '25근 사령관'은 마노콰리 주둔군인 제25특별근거지대 사령관(第25特別根據地隊 司令官)[18]의 약어이다.

8월 27일부, 뉴기니민정부 조사국장으로부터 '앞으로 작전과 함께 개발에 기여할 수 있는 바를 극대화하기 위해서, 아울러 학술의 향상·발달에 공헌할 수 있는 바를 극대화하기 위해서, 중간보고(현지보고), 본보고(반장은 일반보고와 반의 일지, 조사원과 학생은 조사보고, 전원은 여행기)를 귀착 후 3개월 이내에 제출할 것. 또한 연구보고(학술보고)를 한 경우는 별쇄를 제출할 것'이라는 통지가 왔다(佐竹義輔 1963. 6. 15: 328). 11월 20일, 해군성남방정무부 제4분실에서 자원조사대 보고가 있었다. 제3반에서는 이시리(井尻正二), 스기야마(杉山隆二, 지질광물반), 사타케(佐竹義輔), 나가토(長戸一雄, 농림반), 이즈미(泉 靖一, 민족지리반), 엔도(遠藤友平 대리, 측량반), 핫토리(服部 敏, 의료반)가 보고하였다(佐竹義輔 1963. 6. 15: 328). '앞으로의 작전과 학술향상에 공헌할' 목적으로 보고서를 작성하라는 해군 주계대좌로부터의 '통지'(8월 27일자)에 이어 조사대의 귀국 '보고'(11월 20일자)가 해군성남방정무부 제4분실에서 개최되는 등, 조사대의 귀환 후 마무리 절차까지 모두 군사조직에 의해서 통솔되었음을 알 수 있다.

한편, 일본사회학회 제18회 대회가 1943년 10월 9일과 10일 양일간 경성제국대학 법문학부에서 개최되었는데, 이틀째 경성국제문화협회 주최의 남방문제 특별보고회에서 '해남도의 이족(黎族)에 대하여'(尾高邦雄, 동경제대), '서부뉴기니 답사보고'(泉 靖一, 경성제대), '남방건설과 민족인구정책'(小山榮三, 민족연구소)의 발표가 있었다. 즉 이즈미는 해군에 대한 '통지'와 '보고' 사이에 뉴기니에 관한 내용을 일본사회학회에서 발표한 셈이다. 양자의 내용이 얼마나 유사한지는 알 수 없지만, 분명한 것은 해군의 작업과 일본사회학회의 작업이 한통속으로 돌아가는 전시체제에 대한 이해가 필요하다. 왜냐하면, 일본사회학회에서 이즈미와 함께 발표했던 오타카 구니오[尾高邦雄, 1908~1993, 오타카 도모오(尾高朝雄)의 동생]의 해남도(海南島)에 관한 내용도 해남도해군특무부 정무국의 주도로 실시되었던 이족에 관한 대규모 조사작업(1942년 11월 26일~12월 20일)의 일환이었기 때문이다.

"구일본(舊日本)의 과학 중에서 보충보완을 요하는 부문이 다수 있는 것 같은데, 지극히 유감이지만 그중에서 큰 것의 하나가 인류학이다. 전쟁 이래 도외시되었던 학과가 급히 필요하게 된 것으로 인류학과 민족학이 급격히 대두되었다"(清野謙次 1942. 11. 1: 57). "후생과학연구소, 인구문제연구소, 자원연구소, 민족학연구소 등, 인류학 혹은 인류학 관계 학과들의 일부가 연구되는 모양새를 보여 대단히 기쁘게 생각한다"(淸野謙次 1942. 11. 1: 61). 위의 두 진술은 전시(戰時)의 때아닌 인류학 붐 현상을 느낄 수 있는 분위기이지만, 정작 당시의 일본 인류학 분야에는 뉴기니를 전공한 사람이 없었다. 환언하면, 이즈미의 '남선'행에 의한 뉴기니 조사라는 것은 '전시'의 반짝했던 '인류학 붐' 현상의 일환일 뿐이다. 그것은, 체계적으로 진행되고 안착할 수 없는 태생적 숙명이 전쟁상황으로부터 비롯되었을 것임을 지적할 수 있다.

뉴기니에 관한 저술들은 모두 번역물이었고, 그중에서도 과거 네덜란드와 호주에서 발간된 것들이 대부분이었다. Nova Guinea: résultats de l'expédition scientifique néerlandaise à la Nouvelle-Guinée en 1903 sous les auspices de Arthur Wichmann 중 토속학과 인류학 부분이 1907년 판 데르 상데(Van der Sande)의 이름으로 라이덴에서 출판되었는데, 그것을 태평양협회가 주도하여 키요노 켄지(淸野謙次)가 번역(淸野謙次 1943. 5. 10)했지만, 그 또한 주요 부분의 초역으로, 독목주(獨木舟) 관련 부분을 빠뜨린 내용은 지극히 소략된 것이었다. 즉 태평양협회가 서둘러 작업을 진행하기는 했지만, 전쟁에 돌입하면서 뉴기니에 관한 정보의 갈증을 해소해 줄 수 없는 상황이었다.

따라서 뉴기니로 파견된 각 분야 전문가들은 빈약한 현지정보에 비하여 상대적으로 큰 짐을 짊어지게 됨으로써 민족통치와 선무공작을 전제로 한 관점을 구비할 수밖에 없었을 것으로 생각된다. 이러한 상황에서, '인적자원에 대한 관찰과학인 민족학에 대하여'(中野朝明 1942. 6. 20: 309) 요구되는 관심을 충족시키기 위해서 '노무자원(勞務資源)으로서의 민족의 가치'(泉 靖一 1944: 8)를 생각했던 이즈미는 '(팔라우) 갈라스마오 광산에서 수행했던 조선인 노무자에 대한 관찰'(泉 靖一 1944: 18)을 간략하게 언급하기도 하였다.

'스하우텐 제도'의 소란에 관한 자료는 폭격으로 일부 소실(泉 靖一·

中山稻雄 1944. 5: 29)된 후 남은 자료들에 근거하여 작성된 문서들을 정밀 검토하는 것이 당시 학술조사의 정황을 보여주기에 적합할 것이다. 이즈미가 '소란'이라고 표현한 것이 바로 천년왕국운동이다. 그 현상을 '소란'으로만 인식했던 것은 선무공작이라는 임무에서 비롯된 인식의 틀로 볼 수 있다. 이 문서 중에는 인쇄물 형태로 출판된 것도 있고, 출판 이전 단계의 '보고'라는 이름으로 작성된 문서도 있다. 가능한 한 현존하는 문서들을 대조함으로써 당시의 상황을 재구성해 보고자 한다.

<그림 22>는 '조사원 이즈미 세이이치(泉 靖一), 조수 나카야마 이나오(中山稻雄)'의 이름으로 '해군' 용지에 세로로 타이핑된 묵지(墨紙)의 복사본 표지로서 이즈미의 유품 속에 있던 것이다. 모두 25장(50쪽)으로, '목차 1. 조사개황, 2. 스하우텐 군도 원주민의 종족관계와 그 이동, 3. 생활상황, 4. 사회조직, 5. 종교, 6. 결론'으로 구성되어 있다. "최근에 일어난 소란의 중심지로서, 그 영향이 넓은 서북뉴기니 각지로 투여 가능한 스하우텐 군도 원주민의 민족학적 조사를 명령받은 소직은 '비악도특별조사반'의 일원으로서 6월 16일부터 7월 11일까지 좌기와 같이 임무를 수행했으며, 그 기간 대부분은 원주민과 침식을 함께 하면서 조사에 임하였다. 6월 16일 여행, 6월 17~21일 코리도 부근 조사, 6월 22~25일 소웩 대촌 조사, 6월 23일~7월 6일 수피오리 섬 전촌 조사, 7월 7일 코리도에서 자료정리, 7월 8~11일 논푸르 섬 경유 여행"으로 일정이 명기되어 있다. 이 문서 속에서 구체적인 자료로 제시된 것 중에서 '제1표 스하우텐 군도 주(主)식물분포표'와 '제2표 스하우텐 군도에 있는 원주민 재배작물과 수확기간 일람표'는 1949년 6월에 출판된 논문 '사고야자(椰子)' 중의 '제2표 부족별 농작물 비교표'(泉靖一 1949. 6)의 기초가 되었음을 알 수 있다.

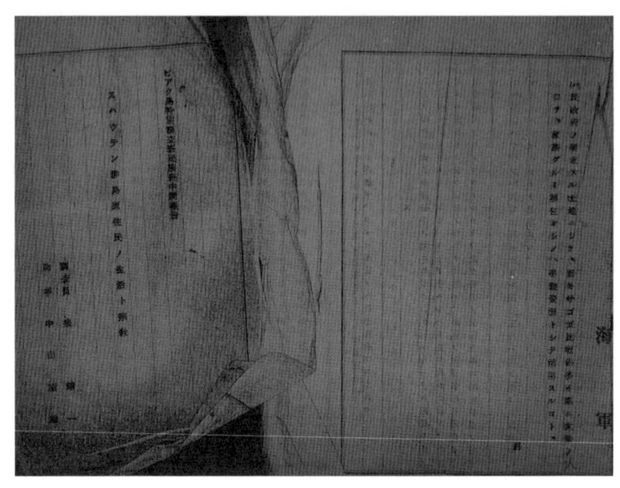
スハウテン群島原住民ノ生活ト宗教

그림 22.
이즈미 세이이치·나카야마 이나오, 「스하우텐 군도 원주민의 생활과 종교」, 비악도특별조사반 민족반 중간보고(타이핑본)

ニューギニア調査報告書
第 7 篇
(民族班報告)
昭和 19 年 5 月
海軍ニューギニア調査隊

西ニューギニア原住民の
民族社會學的調査
昭和 18 年 11 月
ニューギニア調査隊
調査員 海軍囑託 泉 靖一
助手 同 中山稲雄

그림 23.
이즈미 세이이치·나카야마 이나오, 1944. 5, 「(비)뉴기니 조사보고서(제7편 민족반 보고)」(인쇄본). 왼쪽 위 구석에 '秘' 자를 두른 동그라미가 보인다.

<그림 23>은 '비(秘)' 자 도장이 찍힌 인쇄물로 1944년 5월에 출판된 것이다. 이것이 '해군뉴기아조사대'에 제출된 최종보고서[19]의 결과물이라고 생각된다. 총 34쪽 분량으로 보고서로서의 유다른 특징은 결론이 제I장이라는 점이다. "목차 제I장 결론; 제II장 조사개황(제I절 답사지역과 기간, 제II절 답사자료의 정리); 제III장 종족과 인구의 문제(제I절 뉴기니 원주민의 인종학적 제문제, 제II절 총인구의 문제, 제III절 노무자로 동원되어 얻은 인구산정의 기초); 제IV장 경제생활(제I절 자연환경에 대한 적응, 제II절 의식주에 대한 고찰, 제III절 교역); 제V장 사회의 조직과 그 기능(제I절 가족의 조직과 그 기능, 제II절 초(超)가족집단 조직과 그 기능, 제III절 동족집단과 적대의식); 제VI장 종교-스하우텐 제도 소란의 분석(제I절 스하우텐 제도 소란의 개황, 제II절 스하우텐 제도에 나타난 종교층, 제III절 소란 지도원리의 분석)."

두 문서(<그림 22>와 <그림 23>)를 직접 비교하면, 종교에 관한 내용은 양자가 거의 똑같고 약간의 표현만 다를 뿐이다. 가족상황에 대한 기록은 전자의 것이 빈약하다. 즉 전자의 보고서가 작성된 이후에 보완된 부분을 첨가하여 인쇄용으로 제출한 것으로 생각된다. '민족공작' 부분에 대한 기록을 대조해 보면, 전자(<그림 22>)에는 '(イ) 먼저 예언자적 지도자의 처단. (ロ) 다음 민정부의 힘으로 다소간의 선전을 가미하여 그들의 최저생활을 보증. (ハ) 민정부가 요구하는 토지로 사고야자가 비교적 많은 장소에 대량의 인구를 가족단위로 이주시키고, 노동자원으로서 활용할 것'이라고 되어 있다.

후자의 인쇄된 보고서(<그림 23>)에는 '스하우텐 제도 원주민에 대한 민족공작은 다음과 같은 3단계를 따를 수밖에 없는 것으로 생각됨(결론 3과 동일). (a) 먼저 예언자적 지도자의 처단. (b) 처단을 완료한 후 혼란스러운 시기에 일본의 온정과 위력을 충분히 선전하고 약간의 물자적 선무를 행함. (c) 속히 인구의 소산을 행함. 그 과정에서 가족을 단위로 사고야자가 많은 지방 또는 가족 쿨리를 필요로 하는 농장

등에 분촌할 것'(泉 靖一·中山稻雄 1944. 5: 34), 즉 후자가 전자를 보완한 부분이 있음을 알 수 있다.

전자의 '범례'에 "본보고 중, 먼저 '야무르 지협과 헬빙크 만 남안에 있는 원주민의 생활상황'과 중복되는 점은 가급적 생략하였다."라는 내용으로 보아, 이것은 필사본의 「야무르 지협 횡단기」와 헬빙크 만에 대한 유사한 기록들을 기초로 하여 작성된 것으로 보인다. 따라서 '야무르 지협과 헬빙크 만 남안의 원주민 생활상황(행방불명)'과 '스하우텐 군도 원주민의 생활과 종교(현존)'를 기초로 하여 1944년 5월 발간된 「서뉴기니 원주민의 민족사회학적 조사(쇼와18년 11월)」, 「뉴기니 조사보고서(제7편: 민족반 보고)」가 작성되었다고 생각된다. 보고서가 작성된 순서가 명확히 밝혀진 셈이다.

이즈미의 「서뉴기니 원주민의 민족사회학적 조사(쇼와18년 11월)」라는 제목의 보고서는 해군촉탁 신분으로 전쟁수행을 위한 목적으로, 군사적인 조직과 명령계통에 의해서 작성된 전형적인 군속인류학의 결과물임을 보여준다. <그림 22> 문서의 '민족'으로부터 이어지는 <그림 23> 보고서의 '민족'을 충족시키는 역할을 담당했던 것이 대동아전쟁 중 해군촉탁으로 동원되었던 인류학자 이즈미 세이이치였던 것이다.

전후 『민족학연구(民族學研究)』에 발표된 논문들의 내용은 위의 해군에서 발간한 보고서의 내용과는 전혀 별개의 것으로 보인다. 양자가 따로 존재함으로써 『민족학연구』에 게재된 논문만 본다면, 이즈미가 어떠한 경위로 어떠한 배경에서 그러한 논문을 작성했는지 알 수 없게 되어 있다. 조사목적과 자료수집의 과정을 정확히 밝히지 않은 논문과 보고서는 탈 맥락적일 수밖에 없고, 탈 맥락적인 논문과 보고서는 과학성뿐만 아니라 진실성을 상실할 수밖에 없다. 과학성과 진실성을 상실한 논문과 보고서들은 허위를 내포할 가능성이 크고, 그러한 문건들은 후일 독자들을 호도할 가능성마저 있다. 따라서 『민족학연구』에 게재된 이즈미의 논문들은, 이전에 발행되었던 신문기사들과 해군뉴기니조사대의 『뉴기니조사보고서』, 그리고 이즈미의 유품에서 발견된 미간 원고 및 필드노트, 일기의 기록들과 분리 불가능한 관계에 놓여 있다. 분명한 것은 전후에 발표된 뉴기니 관련 논문과 글보다는 전중에 발표된 글과 필드노트가 사실에 더 가까운 내용임을 알 수 있으며, 전중의 글과 전후의 글로 대별되는 기록상의 진실성 문제는 숙고되어야 할 부분이다. 진실성의 문제를 안고 진행되었다는 점은 처음부터 위장의 의도가 개입되어 있음을 부인할 수 없다.

예를 들면 해군뉴기니조사대 대원으로 참가하여 수집한 자료들을 기반으로 발표한 글들을 전중과 전후로 비교해 보면, 극명한 차이점이 발견된다. 전중(戰中)에 발표된 글에서는 “필자 두 명은 1943년 초두부터 9월까지 해군뉴기니자원조사대의 대원으로서 현지에서 조사에 임하였다. 해군성 남방정무부와 태평양협회 히라노 요시타로(平野義太郎) 씨에게 감사드린다”(泉 靖一·鈴木 誠 1944. 11. 10: 2). 또는 “내가 해군뉴기니자원조사탐험대였다는 점을 잊어서는 안 된다. 끝으로 민족지도는 반드시 철저한 이해를 기초로 하여야 한다”(泉 靖一·鈴木 誠 1944. 11. 10: 134)라고 자료수집의 경위를 밝히고 있다. 그런데 동일한 자료를 사용하여 발표한 전후(戰後)의 글에서는 “나는 1943년 초두부터 8개월간 서부 뉴기니에 대한 사회인류학상의 조사에 종사하는 기회를 얻었다”(泉 靖一 1950. 2: 19와 1951. 6. 10: 附錄 1쪽)라고 하여, 자료수집의 경위를 전혀 밝히지 않고 있다. 자료수집의 경위에 대하여 ‘해군’과 관련된 작업의 일환이었다는 전중의 글과, ‘사회인류학상’의 작업이었다고 서술한 전후의 글은 완전히 맥락이 달라진 모습이다.

사실과 관련된 진실성이라는 문제는 시간이 흐를수록 더욱더 심각한 모습으로 나타난다는 점을 보여주는 또 다른 증거가 있다. 뉴기니의 전장에 함께 참가했던 이이야마 다츠오(飯山達雄)와 이즈미가 함께 ‘사진과 해설’이라는 기능으로 제작에 참여했던 사진집에는 다음과 같은 진술이 등장한다. "나는 1938년부터 1940년까지 西이리안을 방문한 적이 있다"(飯山達雄·泉 靖一 1958. 5. 20: 1)라는 내용과 함께 탄전탐색의 사진들만 소개하고 있다. 전장의 내용은 언급하지도 않고 방문시기마저 틀린 기록을 남기고 있다.

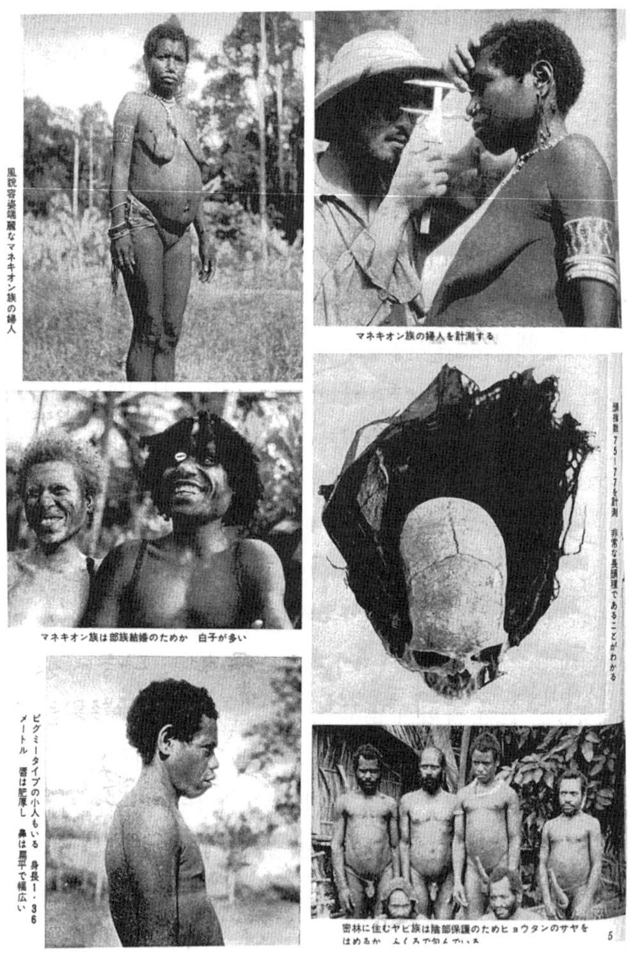

그림 24. 이이야마 다츠오가 찍은 사진들(飯山達雄·泉 靖一 1958. 5. 20: 5)

인용한 <그림 24>의 사진들은 뉴기니 조사에 촉탁의 신분으로 동행하였던 이이야마 다츠오(飯山達雄)가 찍은 것으로 마네키온족과 야히족(아래 사진 두 장)을 대상으로 한 것들이다(飯山達雄·泉 靖一 1958. 5. 20: 5). 오른쪽 상단의 인체계측 중인 안경 쓴 사람이 경성제국대학 해부학교실의 체질인류학자 스즈키 마코토(鈴木 誠)이다. 상단의 두 사진에 있는 마네키온족 부인은 동일인물이며, 중단의 오른쪽 사진은 인체계측학(anthropometry) 상으로 장두(長頭: 75－77의 지수)에 해당되는 표본으로 제시된 두골이다. 하단의 왼쪽 사진은 신장 136센티미터의 피그미형이라는 설명이 붙어 있다. 하단의 오른쪽 사진은 야히족 남성들로, 표주박으로 만든 남근보호구(男根保護具)를 겨냥해서 찍은 것이다. 이상의 내용은 사실도 전하고 있지만, 전반에 걸쳐 오지탐험의 흥밋거리와 눈요기용으로 제시되고 있다.

자료수집의 경위라는 것이 사회인류학상 방법론적 문제의 중요한 부분이라는 점을 감안한다면, 전쟁과 관련된 군속의 목적을 은폐한 후자의 진술들은 심각한 문제를 야기할 수 있다. 전체적인 맥락 내에서 개인적으로 어떤 부분에 관심을 두고 어떻게 자료를 수집했다는 자료수집 과정상의 경위가 설명되지 않고, 위에 진술된 기록뿐이라면, 그 내용 속에는 사실이 은폐되었음을 지적하지 않을 수 없다.

그럼에도 불구하고 이즈미의 진술이 보여주는 것처럼, '사회인류학'을 지향했던 이즈미의 학문적 의지에 대해서는 간과할 수 없는 부분들이 있다. 그 의지가 발현된 부분들에 대한 정리가 필요하고, 그 결과들이 일본인류학사라는 맥락 속에서 어떻게 이해될 수 있는지에 대한 논의는 우리들의 과제로 남아 있다. 이즈미의 뉴기니 조사에 관한 자료들과 그것이 담고 있는 의미를 외면하는 것은 후학들의 또 다른 간접적 은폐의 과정이 될 수 있으므로, 전시인류학(戰時人類學)을 구성하는 대동아전쟁기의 인류학적 작업들에 대한 철저한 재조명이 필요하다.

민족지도와 선무공작에 의하여 가려지고 말았지만, 학문적 공헌이 가능했던 작업들에 대해서는 몇 가지 정리해야 할 과제들이 남아 있다. 첫째, 부제에 '식물민족학(plant ethnology)'이라는 용어를 달고 있는 사고(Sago)문화에 관한 논문(泉 靖一 1949. 6)은 선례가 없는 시도였다. 이즈미보다 20여 년이나 늦게 시도된 사라왁의 사고야자에 관한 논문(Morris 1974)도 이즈미의 논문보다 질적으로 더 나은 것은 아니었다. 이즈미의 논문이 한 단계 더 심도 있는 분석으로 이어지지 못한 점이 아쉽기만 하다. 예를 들면, 사고라는 특정한 식물과 사회조직과의 관련성이 소유권이나 전분채집을 통해 심화될 여지의 내용이 사회인류학을 기다리고 있었다고 생각된다. 패전과 함께 종식된, 사고를 배경으로 한 이즈미의 '식물민족학'이 나래를 펴지 못한 것에 대한 아쉬움이 남는다.

1960년대 후반 세계인류학계에 등장했던 민속과학(ethnoscience)을 생각할 때, 이즈미의 사고 관련 식물민족학은 세계인류학계를 향한 공헌의 가능성으로 끝나고 말았다. 그가 수집한 자료의 분포도를 볼 때 그는 상당히 넓은 지역을 답사했음을 알 수 있는데(泉 靖一 1949. 6: 44), 이 논문에서 언급된 자료 정도로만 판단하자면, 그는 웨나타니자미헤자티자티자(Wenatanijamihejatijatija) 부족과 함께 가장 많은 시간을 보낸 것 같다.

이즈미가 동참한 '원주민의 생체계측자료'(鈴木 誠 1949. 4: 44)와 '혈액형과 지문에 관한 민족생물학적 연구'(小林宏志 1949. 4: 198)는 체질인류학 분야에서 펼칠 수 있는 학문적인 성과가 있었다. 그 작업은 경성제국대학 해부학교실의 이마무라 유타카(今村 豊) 교수를 중심으로 하여 장기간 지속되었던 작업의 일환으로 수렴되었고, 일본의 선사·원사 인골을 주로 하고, 주변 지역의 사례들을 포함한 789례의 인골(清野謙次 1928. 5. 25: 420)들은 아시아를 대표할 수 있는 골학(osteology) 분야의 업적으로 기록되기에 충분하였다.

교토제대에서 키요노 켄지에게 사사한 이마무라 유타카는 골학연구의 전통을 이어가는 노력을 하였고, "1936년 … '나의 염원'이라는 작은 글에는 '… 금후 20년 정년까지 만·몽과 시베리아의 재료까지 … ' 그 후 10년간 조선인 전신골격 300체, 만주에서는 북지인골 100체, 몽골에서는 몽골인골 200체, 뉴기니에서는 파푸아 인골두 70과를 수집 … 세계에 과시할 만한 수집품"(島 五郎 1957. 11: i)을 시도하였다. 그중에서 뉴기니의 것은 스즈키 마코토(鈴木 誠)가 이즈미와 함께 1943년에 수집한 것이다. 현재 그 교실의 수집품들은 행방불명 상태이지만, 그들의 체질인류학적인 연구시도는 망각하지 말아야 할 업적이라고 생각한다.

이즈미가 남긴 미발표 영문원고가 한 편 있다. 제목은 'The Social Organization of the Natives in Netherland New Guinea: Especially on the Formation of their Stems'이며, A4 용지 30쪽짜리로 저자는 'Sei-ichi Izumi'로 되어 있다. "1943년에 힐빙크 만과 라카히아 만, 그리고 에토나 만을 답사하였다. 후자 두 만은 아라푸라 해를 면하고 있다. 스템(Stem, super-family)에 관한 연구"(Izumi 1957?)라는 설명이 붙은 이 글은 '아메리카합중국 출장'이라는 명분으로 떠난 하버드대학 유학기간(1956. 8. 13~1958. 2. 16)에 작성한 것으로 추정된다. 당시 클라이드 클럭혼(Clyde Kluckhohn)의 인류학연구실 주변에는 일본과 대만으로부터 지속적으로 연구자들이 '유학'이라는 명목으로 방문하였다. 그것은 다분히 미국의 냉전정책과 깊은 관련이 있다고 생각된다. 심도 있는 학문적 지도가 이루어지지 않았음을 이즈미의 사례로부터 감지할 수 있다.

소웩(Sowek) 촌의 경우, '3~4세대 공동생활'(泉 靖一·中山稻雄 1944. 5: 25)로서 '1호당 평균 13.3명 거주. 보통 4개의 방과 각각 방에 딸린 취방(炊房)이 있다'(泉 靖一·中山稻雄 1944. 5: 17)라는 내용이었고, '코리도 대촌의 주민은 1,012인으로 41호'(飯山達雄 1970. 7. 10: 106)였으므로, 한

가구에 평균 24명이 거주하는 대가족 형태에 관한 논의였다. 소웹과 코리도의 가족형태를 스템이라는 개념으로 이해하고자 했던 이즈미의 접근은, 당시 친척과 가족을 연구하던 세계인류학계의 주된 경향으로부터 벗어난 것이었다. 전후 사회인류학의 경향이 아프리카의 혈통(descent) 연구로부터 오세아니아의 결연(alliance) 연구로 전환하고 있었던 흐름을 전혀 간파하지 못한 작품이었다.

이즈미 일행이 뉴기니에서 경성으로 돌아왔을 때, 경성제대의 대학신문 『성대학보(城大學報)』는 그들의 작업에 대한 기사를 승전보고와 같은 느낌으로 대대적으로 게재하였다. "뉴기니 자원조사학술탐험대는 이즈미(泉 靖一, 학생과), 핫토리(服部 敏, 정형외과), 스즈키(鈴木 誠, 해부), 고바야시(小林宏志, 법의), 다나카(田中正四, 위생) 5명"이고, "스즈키 씨는 파푸아인 인골 65체를, 민속반의 이즈미 씨는 1천 점이 넘는 원주민 토속품을 가지고 돌아왔다. … 철도국의 이이야마 다츠오(飯山達雄) 씨도 함께하였다. 사진기술을 마음껏 발휘한 동씨는 다수의 우수한 현지 사진을 가지고 돌아왔다. …", "이즈미 세이이치 씨는 민속학상의 현주민 토속 참고자료 1천 점이 넘는 토산품을 가지고 돌아왔다. 먼저 본학에 있는 민속진열관이 일본 유수의 수집을 과시하게 되었다. … "(城大學報 74호 1943. 10. 1). 즉 이즈미는 적지 않은 박물관용 토속품을 가지고 왔고, 그것들이 경성제국대학의 진열관에 수집되었음을 알 수 있다.

그런데 『서울대학신문』 1948년 3월 1일자에는 '민속참고품실: 우리나라 것들은 정리 중이고, 에스키모 관계 63점(코펜하겐국립박물관에서 보낸 것), 뉴기니 관계 약 200점, 라마교 및 살만교 관계 약 20점, 오로촌 40점, 고르지 15점, 몽골인 관계 75점'이라는 기록이 있다. 5년 사이의 두 기록에서 뉴기니 유물의 숫자가 이렇게 큰 차이를 보이는 것은 왜일까? 5년 사이에 일본의 패전과 조선의 해방으로 대학의 주체가 바뀌었는데, 그 과정에서 어떤 문제가 개입되었기에 이렇게까지 큰 숫자의 차이를 보이는 것일까?

현재 서울대학교박물관에는 유물번호 1258부터 1346까지 '뉴기니 토속품'이 정리되어 있다. 번호상으로는 89종류가 수장되어 있으며, 그 유물의 총 숫자는 약 200점에 달한다. 약 200점이라고 표현할 수밖에 없는 것은 유물대장에 등록되어 있는 '뉴기니 토속품'에 포함된 것 중에는 분명히 '뉴기니 토속품'이 아닌 것도 포함되어 있고, 번호 하나에 여러 개의 물건이 있는데, 어떤 것들은 관리부실로 하나의 물건이 여러 개로 쪼개져 있는 경우도 있기 때문이다. 뉴기니 토속품의 대부분은 비악 섬에서 수집된 것이고, 소수는 홀란디아(현재 지명은 자야푸라)의 것도 있다. 당시 홀란디아에는 자원조사대로부터 '제1반 전원 14명으로 야기(八木健三, 반장, 도호쿠제대 조교수, 지질광물), 야마모토(山本保男, 왕자제지, 임업), 아베(阿部辰三, 일본발송전, 수력), 고바야시(小林宏志, 경성제대 의학부, 의학)와 쿨리 10명'이 파견되었고, '6월 3일 어떤 마을'(澤 壽次 1944. 1. 5)에서 토속품 일부가 수집되었다고 생각된다.

<그림 25>는 아키바 다카시(秋葉 隆) 교수가 경성제대 진열관의 입구인 계단에 앉아 있으며, 뉴기니에서 수집되어 온 유물들을 수장고에 넣기 전에 진열한 모습이다. 그림자의 상태로 보아 이 사진은 1943년 가을의 어느 날 오후에 찍은 것으로 생각된다. 사진에서 발견되는 한 가지 특징은 끄르와르이다. 현재 서울대학교박물관 유물대장에는 유물번호 '1275'로 등록되어 있고, 모두 '10개'로서 '목우'라는 명칭이 부여되어 있다.

그림 25.
경성제대 진열관 앞의 아키바 다카시와 뉴기니 수집품
(秋葉万里子 소장 사진)

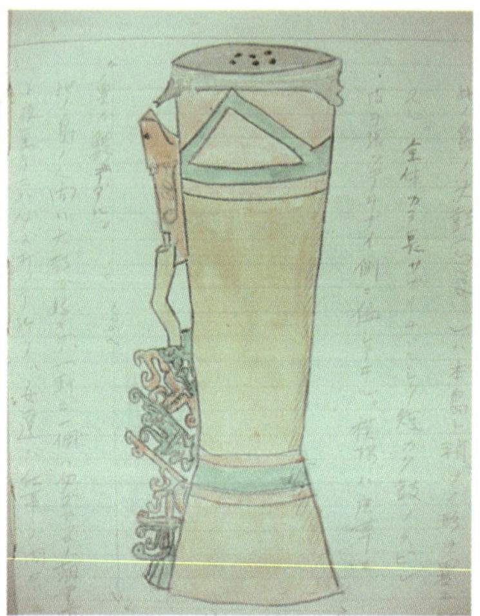

그림 26.
'북'(이즈미 세이이치의 수채화)

그림 27.
뉴기니 토속품 '북'
(서울대학교박물관 유물번호 1269)

유물대장의 설명에는 “뉴기니 토속품, 목조인형 좌상, 입상 등 각종. 가족이 여행이나 전쟁에 나갔을 때 또는 사망했을 때 만들어 이에 공물(供物)을 바친다.”라고 적혀 있다. 이러한 형태의 ㄲ르와르는 뉴기니에서도 비악 섬 지방의 특징을 잘 보여준다. 유물대장의 설명에는 일부 오류가 있지만, ㄲ르와르를 비롯한 해당 지방의 신앙 연구를 위하여 중요한 유물임이 틀림없다. 사회인류학을 지향했던 이즈미가 박물관의 유물이 될 수 있는 토속품들을 수집했다는 점은 이즈미의 학문이 아키바의 그것을 승계한다고 볼 수 있다. 아키바의 제자로서 사회학 강좌에 입문했던 이즈미는 1936년 7월 아키바의 제안으로 북만주 흥안령의 ㅇㄹ첸족 지역으로 유물을 수집하러 다녀온 적이 있었다(泉 靖一 1937. 1).

자원조사와 선무공작을 주업무로 하고 부차적으로 학술조사를 수행했던 이즈미의 작업을 학술이라는 측면에서만 관찰해 보면, 우리는 몇 가지 부문으로 요약해서 정리해낼 수 있다. 그의 식물민족학과 박물관학적 업적은 미완에 그쳤고, 원주민의 종교에 관한 관심은 선무공작에 의하여 가려졌다. 모든 작업의 완성도가 떨어지는 것은 본질적으로 뉴기니에 파견된 원래의 목적 때문이라고 생각된다.

한 걸음 더 나아가서 이즈미의 학문적 성과는 후일 은폐라는 과정으로 포장되는 모습까지 보여준다. 이즈미 세이이치의 뉴기니 조사에 대해서 여태까지 어느 누구도 검토한 적이 없는 이유가 위장과 은폐를 포함하는 이상과 같은 상황에서 비롯된 것일 가능성이 크다. 위장의 부분은 아쉽고, 은폐된 부분은 안타까운 것이지만, 뉴기니와 관련된 작업은 후세대의 몫으로 남아 있다고 생각한다. 만약 후세대가 그것을 외면한다면, 그 외면 자체가 또 다른 은폐의 범주에 포함될 수도 있다.

뉴기니의 마노콰리에 도착한 뒤 5개월이 채 안 되는 기간에, “스하우텐 제도의 도민은 대부분 말레이어를 함으로 통역도 필요 없이 이야기가 가능하였다”(泉 靖一 1971. 11. 10: 192). 이즈미는 외국어 습득에서 천재적인 소질을 발휘하였고, 전란의 포연 속에서 짬짬이 수집한 자료로 ‘사회인류학’이라는 학문을 지향했던 그의 작업은 대동아전쟁이라는 시대적 상황의 산물이라는 점을 부인할 수 없다. 그것이 학문이었다면, 그것은 시작에서부터 종식될 때까지 군속의 일환이었음을 재확인하고 싶다. 1943년 3월 11일 뉴기니민정부 조사국장 아다치(足立又彦)[20]의 이름으로 자원조사대 제3반장 사타케(佐竹義輔)에게 내린 명령서 ‘뉴기니민정부 조기밀 제9호’에는 해군촉탁 이즈미 세이이치 등 9명의 이름이 포함되어 있다(佐竹義輔 1963. 6. 15: 92).

제3반 특별반의 활동에 대한 증언 중에서 반 구성을 보여주는 ‘이즈미, 마스미쓰(益滿增憲, 190X, 통역, 남양흥발사원), 나카야마(中山稻雄, 1920~?, 연락원, 해군 필생), 수병(水兵)인 고바야시(小林), 히구치(樋口), 오고탄(192X, 인도네시아 순경)’(佐藤 久 2004. 11. 27)이라는 진술도, 당시 진행되었던 학술조사의 구성과 분위기가 군대조직과 거의 동일함을 지적할 수 있다. 먼저 떠난 남편의 생애를 그린 회상기에서, “대원은 모두 군속이 되었다”(泉 貴美子 1972: 83)는 이즈미 부인의 기록은 문자 그대로 받아들일 수 있다. 따라서 뉴기니와 관련된 이즈미의 논문과 보고서들은 군속인류학의 소산으로 보아도 무리는 없다. 이즈미의 논문뿐 아니라 그의 동료가 발표하였던 체질인류학 관련 논문들 모두 예외 없이 군속인류학의 범주에 넣는 것이 타당하다.

4. '대동아'의 시뮬라크르(simulacre): 상징물리학

'일본정신사에 드러나는 일본인론(일본문화론)에 대한 설명은 '전향론'(轉向論, 鶴見俊輔 1982. 5. 24: 222)으로 완결될 수 있는 것인가? 필연적으로 상대를 마주치게 되는 제국주의와 전쟁이라는 문제에 봉착했을 때, 내부적 역동성의 기초가 되는 일본정신사의 전향론은 어떤 방향으로 설명이 가능할 것인가? 쓰루미 슌스케(鶴見俊輔)의 전향론이 전해 주는 여운에 대해서 생각하지 않는다면, 전향론에 의한 일본인론은 완결편이 아니라고 생각한다.

'전향 이후'의 단계와 과정은 어떠한 추상을 지향하게 될 것인가? '전향'이 떠난 자리에는 신경생리학적 잔영만 남는 것인가? 그렇지 않다. 시뮬라크르의 문제가 기다리고 있다. 전향 이후에는 전향이라는 현상이 떠나고 난 그 자리에 전향의 잔영이 남고, 다음으로 시뮬라크르 현상이 이어진다. 잔영이 신경생리학적 현상이라면 시뮬라크르는 상징물리학적 현상이다. 전자는 사라지는 속성이 필연적이지만, 후자는 간헐적으로 솟아오르는 과정의 문제이다.

1940년 8월 1일 발표된 마쓰오카(松岡洋右, 외무대신) 성명의 일부를 보자. "우리들의 현재 정책은 황도(皇道)의 위대한 정신에 기초하여 일본, 만주국, 그리고 중국을 연결하는 대동아공영권을 수립하는 것이다. … (중략) … 대동아공영권 안에는 불령(佛領) 인도차이나와 난령(蘭領) 인도네시아를 포함하는 것은 당연하다"(鶴見俊輔 1982. 5. 24: 62 재인용). '대동아'의 상징이 얼마나 엄청난 물리력을 동원했는지에 대해서는 부언할 필요조차 없다. 그것은 대동아라는 상징의 대두로 말미암아 분리되는 전과 후의 시기와 각각의 시기에 대한 총체적 비교로부터 어렵지 않게 증명될 수 있다. 필자는 이러한 현상의 설명방법을 상징물리학이라고 부른다.

전쟁의 상징물리학은 사라지는 잔영이 아니라 확산되어 가는 시뮬라크르로 나타남을 논증하는 작업에 동원될 수 있다. 총력전을 위한 총동원 상태의 대동아전쟁 과정 중, 학문이라는 부문을 담당했던 학자들의 행동과 실천을 성찰적으로 조망하는 작업이 그 내용을 이룰 수 있다.

'대동아'에 의하여 구획된 실체적 영역으로서의 '공영권'이 확정되었고, "공영권 결성의 진행과 학문의 신체제가 도래했으니 학문형식에 일대 변혁을 기하자"(淸野謙次 1942. 11. 1: 55)라는 주장이 제기되었다. 리쓰메이칸(立命館)대학의 역사지리학자 후지오카 켄지로(藤岡謙二郎)는 호빈(Ian Hogbin), 포드(Daryll Forde), 이븐스(W. Ivens), 그리고 하브마이어(L. Havemeyer) 등의 토속지(ethnography) 문서들을 참고하여 남태평양의 소도(小島)가 세기의 전환지역이라는 관점을 정리하고, 황군(皇軍)에 의한 대동아성전의 확대(藤岡謙二郎 1943. 6: 134)를 학문이라는 이름으로 지원하였으며, 도쿄제국대학은 1941년 3월 남방자원과학연구회(회장 총장; 부회장 농학부장)를 창설하고 시리즈물로 남방자원연구자료를 발간하였다.

전역(戰域)의 확대로 점령지 통치라는 문제가 대두되면서, 점령지 주민들의 관리작업에 대한 민족학자들의 민족동원 의견이 제기되기도 하였다. 피점령 민족에 대한 민족학의 개입은 제국주의 이래로 당연한 논리의 개진이었고, 점령의 대상과 주체 사이에 개입되는 민족관계에 대한 이론적 논의작업이, 민족학자들의 몫으로 인정되도록 하기 위한 민족학자들의 목소리가 대두되었다. "지도민족의 피지도민족에 대한 정책의 기조는 흡족할 때까지 피지도민족의 민족구조를 지도민족의 민족구조에 접근시키는 것이어야 한다. … 지도민족에 의한 피지도민족의 흡수·동화 과정에서는 피지도민족의 민족구조 파괴가 필연적인 한편, 또 다른 쪽에서는 지도민족의 민족구조 강인화가 촉진되어야 마땅하다"(岩村 忍 1941. 11: 13)라는 주장도 제기되었다.

전후 교토대학의 동양사학 교수로 명성을 날렸던 이와무라 시노부(岩村 忍)의 주장은 군부와 정치가들이 침략전쟁에 민족학적 원군으로 등장하기에 충분하였다. 이와무라와 같은 이데올로그들이 전중에 사용했던 민족학이라는 단어의 의미에 대하여 숙고해 보아야 할 이유가 여기에 있다. 전쟁을 빌미로 한 민족지도라는 명분하에서 상승되어 가는 민족학이라는 학문의 학문 포기 정황을 읽을 수 있는 대목이다.

대동아의 시뮬라크르가 보여준 확대재생산의 물리력이 이즈미 세이이치라는 한 젊은 학자의 활동에까지 스며들어 진행되고 있었던 것이다. "이번 대동아전쟁의 커다란 전과(戰果)는 엄청나게 광대한 지역에서 각종 민족의 지도자로서의 책무를 국민 한 사람, 한 사람에게 부담시키고 있다. 민족지도는 관념적인 격정이나 깊은 감상, 로맨스로 이루어지지 않는 것은 물론이다"(泉 靖一 1944. 4: 26). 지도민족으로서 파견된 민족학자가 수행하는 피지도민족에 대한 작업은 그 자체가 하나의 시혜적 활동이라는 인식이 이즈미의 진술에서 읽히는 대목이다. 1943년 현재 이즈미는 그러한 사상무장 상태에서 뉴기니조사대의 일원으로 참가하였다. '민족정책이란 선전모략과 같은 것'(小山榮三 1942. 11. 10: 72)이었기 때문에, 이즈미는 야무르 협곡과 비악 섬에서 원주민들 상대의 선무품이 필요하였고, (원주민들에게) 목면, 면포, 목걸이, 귀걸이, 일본국기 등을 제공(座談會 1944. 2. 21: 61)하였다.

도쿄의 민족학협회에서 1944년 9월에 개최했던 화족회관에서의 좌담회에서는 대동아전쟁의 마지막 결전을 앞둔 상황하에서 민족학의 사명감에 대한 중지를 모았다. 참석자는 우노 엔쿠(宇野圓空, 동대동양문화연구소장, 문학박사), 이시다 미키노스케(石田幹之助, 니혼대학 교수), 다카다 야스마(高田保馬, 민족연구소장, 문학박사), 오카 마사오(岡 正雄, 민족연구소원), 고야마 에이조(小山榮三, 민족연구소원), 후루노 키요토(古野清人, 민족학협회 조사부장), 카리야 아키타로(守屋秋太郎, 민족학협회 조사부주사)였고, 카리야가 사회를 보았다. 1944년 9월 좌담회 기록의 발행 일자는 1945년 8월 30일이지만, '7월 25일 인쇄납본'이라고 적혀 있다. 즉 발행 일자와 인쇄납본 일자 사이에 패전을 맞이했음을 알 수 있다. 인쇄납본과 발행 일자에 차이를 보이는 것은 검열이라는 단계를 만족시키기 위한 것이다. 그런데 패전이 언명된 시점 이후에 이러한 내용의 문서가 서책 형태로 출판되었다는 사실은 당시 상황에 대하여 복잡한 생각을 갖게 한다. 검열 과정이 제대로 작동하지 못했던 전쟁 말기의 상황을 생각할 수도 있고, 8월 15일 패전은 언명되었지만 최소한 일부에서는 패전 이전의 제국시스템이 작동하고 있었다는 생각도 할 수 있다. 8월 30일에는 아직도 미군 중심의 GHQ가 출범하기 이전이라는 점을 지적해야 한다.

그 좌담회의 기록 일부를 소개함으로써, 전쟁 말기의 민족학적 이데올로그들에 의한 민족지도라는 명분하에서 대동아의 시뮬라크르가 굴러가는 모습의 일단을 관찰할 수 있다.

> 카리야: 대동아전쟁 발발 이래 민족연구에 관한 문제가 대단히 중대성을 가지게 되었기 때문에, 국립민족연구소도 설립되었고 이 방면의 연구가 전력의 증강과 나란히 간주되어 날로 중요함을 더하고 있다(座談會 1945. 8. 30: 15).
>
> 오카: 버마(미얀마)에서 전쟁을 하는 경우 카친이 상당한 역할을 할 것으로 생각되지만, 한편으로는 카친의 문화 정도가 낮은

입장에 대해서 문제를 제기하는 경우도 있었다. 그러나 어느 정도의 민족의식이라는 것을 가지고 있다는 점에서 바라보면, 카친 연구의 필요성이 있다는 인식이 이루어진다. 이번 북버마 전쟁에서도 충분한 역할을 할 수 있을지도 모른다.[21] 공영권 내에서의 민족연구는 문화단계나 문화요소만을 연구하는 것은 아니라고 생각한다(座談會 1945. 8. 30: 27).

오카: 결국 민족연구라는 것도 정치적으로 보면 장기에서 가장 공격적인 말(飛車, 角)의 크기만을 대상으로 하는 것과는 크게 다른 점이 있다(座談會 1945. 8. 30: 27).

오카: 일본에서 공영권 내의 제민족연구는 독자적인 요구가 있다고 생각한다.

후루노: 대동아공영권이라든가 주(州)라든가, 러시아가 하는 것처럼 그러한 분위기가 나는 방향의 것을 그대로 베끼는 것이 아니라 우리나라에서도 무엇인가 가능한 것이 있다고 생각되는데, 예를 들면 50만 명 정도의 민족들이 모여 사는 지역에 대해서는 하나의 주로서 자치권 같은 것을 부여하든지, 아니면 그와 유사한 독립을 부여하는 등의 대외적으로 수용 가능한 공영권의 민족구상이 필요하다고 생각한다.

이시다: 공영권연방이라는 것도 가능하지 않겠는가.

후루노: 문제는 거기에 있다. 각각에 대해서 언급되는 것은 해석에 따라서는 민족자결주의에 역류하는 느낌도 있다.

오카: 바로 그 점이다. 이것은 후루노의 아이디어인데, 예를 들면 자바공영국가라든가 또는 주 정도에 대해서는 공영주라든가 여러 민족이 각각의 인구와 능력에 따라 공영권 민족질서를 구성하도록 하는 것이 필요하다(座談會 1945. 8. 30: 28).

위의 내용은 패전 직전이라는 시점에서, 오카(岡 正雄)와 후루노(古野清人)를 중심으로 대동아공영권의 민족정책을 어떻게 수립하려는지에 대한 아이디어가 드러나는 현장이다. 자신들의 논의 내용이 '민족자결주의에 역류'한다는 점을 숙지했다는 사실에 놀라지 않을 수 없다. 1944년 1월 24일 대본영은 소위 'H-to-H Axis'(히틀러와 히로히토가 아프가니스탄 카불에서 만남으로써 세계를 재패한다는 상징)로 불리는 대륙타통작전(大陸打通作戰)을 명령했으며, 남방총군은 북버마에서 인도를 침공하는 임팔(Imphal) 작전을 시도했으나(3월 8일), 그 작전은 4개월 만에 무효로 돌아갔다(7월 2일 작전 종료). 민족학협회의 좌담회에서 오카가 북버마 카친족의 전투이용에 관한 발언을 했던 시기보다 이미 2개월 전에 상황 종료된 내용이었다. 정보통제에 의한 전황무지(戰況無知) 속에서, 민족학을 앞세운 대동아의 시뮬라크르가 신기루(蜃氣樓)와도 같이 나타났던 장면이다.

분명한 점은 그들이 민족학이라는 학문을 수행하던 목적이 명백히 드러난 셈이다. 민족학이라는 학문 전체가 군속으로 전환했다는 점을 지적할 수 있으며, 민족학은 군속인류학의 내용을 착실히 수행하고 있었다. 패전과 함께 대동아라는 상징은 사라졌지만, 대동아라는 상징의 시뮬라크르는 사라지지 않았다. 대동아라는 시뮬라크르의 상징물리학은 그 이후에 작동하기 위하여 잠복하고 있었다.

전후 일본민족학회는 새로운 분위기를 맞았다(Nakao 2007). 1947년 가을 GHQ 산하 CIE(민간정보교육국)의 인문과학주임 아브라함 할펀(Abraham M. Halpern, 1914~1985)[22]이 문부성 과학교육국 인문과학과장과 협의한 결과의 일환으로 1948년 봄, 1) 일본 인문과학 연구상황 시찰, 2) 일본 인문과학자와 간담, 3) 그 결과를 GHQ에 보고서로 제출할 목적으로 미국 인문과학고문단을 초청할 것이라고 전언하였다. 문부성은 1947년 말부터 1948년 초 사이에 그에 대해 준비를 하였다.[23] 이러한 대전환의 분위기 속에서 일본민족학회는 1948년 7월부터 연구간담회를 부활시켰으며(民族學研究 13(1): 93), 그 4회(1949. 2. 13)째에 이즈미가 '사고야자문화에 대하여'를 발표하였다. 당시 이즈미는 메이지대학 소속이었다. 뉴기니에 관한 이즈미의 글 세 편이 게재되었던 『민족학연구』는 13권 4호, 14권 3호, 14권 4호이다. 당시 이즈미는 이시다 에이이치로(石田英一郎)를 대표로 하는 동 학술지의 편집진에 소속되어 원고수집 임무를 맡고 있었다. 그 과정에서 이즈미의 논문이 실리게 되었던 것으로 보인다.

13권 4호에는 이즈미의 글 이외에도 중국 무슬림(佐口 透), 뉴브리튼섬(石川元助), 아이누(名取武光과 土佐林義雄), 보르네오 다약족(高主武三)의 '논문'들, 전후 타이완민족학계(宮本延人)와 오키나와 연구(金城朝永)를 다룬 '학계통신'도 게재되었다. 14권 3호에는 이즈미의 글과 함께 미크로네시아(奧野彦六郎)와 운남(牧野 巽), 그리고 훈(内田吟風) 관계 '논문'들이 게재되었다. 14권 4호에는 이즈미의 글이 '자료와 통신'란에 반쪽을 할애하는 정도의 짧은 글로 실렸다.

여기에 게재된 글들의 주제는 모두 편집책임자 이시다 에이이치로의 의도대로 '대동아권민족학(大東亞圈民族學)'(石田英一郎, 1948. 3)의 범주에 속한다는 공통점을 가지고 있다. 당시 논문집 제작을 위하여 접촉할 수 있었던 필자의 범위라는 것이 대부분 전쟁 도중 '대동아'의 각처에서 활동하던 사람들이었음은 주지의 사실이다. 그렇게 수집된 '대동아권' 논문들의 숫자는 2년이라는 짧은 시간 동안에도 급속히 소멸되어 갔음을 증언해 주는 현장을 당시의 『민족학연구』 목차에서 발견할 수 있다. 더구나 14권 4호에서는 5편의 논문으로 구성된 루스 베네딕트(Ruth Benedict)의 『국화와 칼』에 관한 '특집'이 '논문'의 영역을 대체하고 있다. 점령군으로 들어온 미군과 그 영향하에서 논문집이 제작되었음을 대변하고 있다.

패전 직후의 『민족학연구』에 이즈미의 논문들이 게재된 배경이 어느 정도는 설명되었다고 생각하는데, 왜 하필 뉴기니 조사 논문들이었을까? 이즈미는 왜 뉴기니 관련 논문들을 수록하였을까? 사실 그의 전시 학문 여정 10여 년 동안 그가 뉴기니에 쏟은 시간은 전체의 십

분의 일 정도밖에 되지 않으며, 게다가 패전 직전의 조사사업은 경성제국대학의 대륙자원과학연구소에서 파견한 몽강(蒙疆)과 화북에 관한 것이었는데, 왜 뉴기니 조사 관련 글들을 게재하였을까? 몽강과 화북 지역에서 수집했던 자료와 필드노트들이 지금도 잘 보관되고 있는데, 왜 뉴기니 관련 글을 게재하였을까?

이즈미는 1945년 8월 20일을 전후로 경성제국대학 연구실에서 몽강과 화북에서 수집한 자료들을 상당한 수준으로 정리한 상태로 남겨둔 채, 전후처리와 인양(引揚) 업무에 종사하다가 그 자신도 1945년 연말 하카타(博多)로 인양되었다. 이즈미는 패전 후의 경성에서 일본인세화회(日本人世話會) 의료부에서 인양업무에 종사하였다. <그림 28>에서 보면, '해직통지'(1945년 12월 17일 발행)는 하카다의 인양사무소로 전직하기 위한 절차를 밟은 것이고, '임명통지'(1946년 1월 1일자)는 경성일본인세화회가 발행한 것이다.

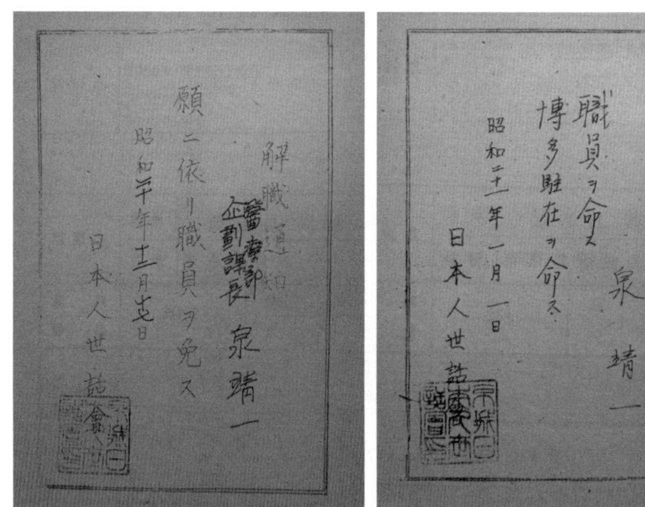

解職通知
醫療部
企劃課長 泉 靖一
願ニ依リ職員ヲ免ス
昭和二十年十二月十七日
日本人世話會

任命通知
泉 靖一
職員ヲ命ス
博多駐在ヲ命ス
昭和二十一年一月一日
日本人世話會

그림 28. 이즈미의 '해직통지'(좌)와 '임명통지'(우)
(후쿠오카시립 후쿠후쿠플라자복지센터 도서실 소장)

몽강과 화북의 자료들은 이즈미 세이이치의 최종분석을 기다리는 모양새로 여태껏 남겨진 상태이다. 작업의 연속성이라는 측면에서 본다면 이즈미는 몽강과 화북의 자료들을 손질하여 전후 최초의 논문을 작성할 수도 있었을 텐데, 왜 포연 와중에 해군의 명령으로 쿨리들과 함께했던 자원조사 과정에서, 편린으로 수집되고 어설프게 정리된 뉴기니 자료들을 전후 최초의 작품으로 제시하였을까?

만주민족학회(滿洲民族學會)는 1944년 1월 16일 좌담회를 열어 민족연구소의 오카(岡 正雄, 1898~1982)와 경성대학의 이즈미(泉 靖一, 1915~1970)를 초청하였다. 다음날 강연회를 개최한 자리에서 이즈미는 '뉴기니 토인의 생활조사 상황과 오로첸 족과의 비교에 대하여'라는 제목의 글을 발표하였다. 당시 46세의 오카는 국립민족연구소의 실세로서 일본민족학계의 중심적인 역할을 수행하고 있었다. 아직 채 서른도 되지 않았던 이즈미가 보여준 남선북마적 민족학이 오카에게는 상당히 인상적이었을 것이다. 현지조사라는 기반 없이 고고학적·선사학적 자료들을 중심으로 거시적 비교연구를 자신의 민족학적 방법으로 생각하고 있던 오카에게, 북만(北滿)의 오로첸과 뉴기니의 파푸아에 관한 구체적인 현지자료를 비교하는 이즈미의 모습은 신선한 충격으로 다가왔을 것이다.

지난 10여 년 동안 일본인류학사에 관련된 자료수집을 위한 인터뷰 과정에서 중복되고 동일하게 증언된 내용 중의 하나는, 전후 창설된 도립대학 사회인류학연구실 교수로서 오카(岡 正雄)가 조교수를 채용하는 과정에 대한 에피소드이다. 오카는 처음부터 메이지대학의 이즈미를 조교수로 점찍었고, 이즈미로부터 구두 약속까지 받았는데, 후일 이시다 에이이치로(石田英一郎)의 부름을 받은 이즈미가 도쿄대학 동양문화연구소로 자리를 옮겼다. 그 후 오카는 이즈미 대신 마부치 도이치(馬淵東一)를 조교수로 초빙하였고, 이후 오카와 이즈미의 관계는 소원하게 되었다고 한다. 더불어 마부치는 이즈미의 학문 스타일을 좋아하지 않았다고 한다.

전후 곧바로 일본민족학계는 오카의 비엔나대학 박사학위논문(Kulturgeschichten in Alt-Japan 1935)을 중심으로 일본민족의 기원에 관한 논의로 소용돌이쳤고, 그러한 상황에 직면한 이즈미는 전후 도쿄 무대에 데뷔하는 민족학자로서의 퍼포먼스적 전략을 생각했을 것이다. '전후'라는 새로운 판도 위에서 민족학자로서 살아가야 하는 이즈미로서는, 그리고 식민지 출신으로서 도쿄라는 '제도(帝都)'에서 살아남아야 하는 이즈미로서는 뭔가 보여주어야 할 전방위적 '조커'가 필요했던 것이다. '북마(北馬)'의 경력(泉 靖一 1937. 1)[24]만 보여주기보다는 '남선(南船)'까지 아울러 '남선북마'의 구도를, 필드워커로서 자신의 이미지를 보여줄 의도가 작동했다고 생각한다.

다른 한편, 현지조사에 기반을 둔 일본 민족학자의 뉴기니 관련 논문으로서는 이즈미의 것이 최초였음도 망각하지 말아야 할 대목이다. 글의 질보다는 필드워커로서의 구도를 먼저 생각했을 것으로 이해한다. 왜냐하면 그의 뉴기니 관련 글들의 수준은 자신이 붙인 제목조차 만족시키지 못할 정도로 빈약하기 때문이다. 필드노트의 군데군데를 짜깁기해서 엮은 수준이다. 그럼에도 불구하고 뉴기니 논문을 제시한 것은 전후의 도쿄 무대에 데뷔하는 작품이라는 의미를 부여한 것으로 이해할 수 있으며, 그의 의도는 상당히 성공적이었다고 평가할 수 있다.

이즈미의 '머나먼 산들(遙かな山やま)'은 '1967년 8월부터 1970년 6월까지 산악잡지 『아루프(アルプ)』에 연재한 것(梅棹忠夫 1971. 11. 10: 351)의 일부인데, 과거에 출판되었던 자신의 글들을 재정리한 것으로 보인다. 그런데 문제가 되는 뉴기니 부분(159-198쪽)에서는 전운이 짙은 대동아전쟁의 분위기가 모두 사라진 탐험 분위기뿐이며, 선무공작에 관련된 내용은 일체 삭제되었다. 그 대신 이즈미는 '진료를 통한 조사'(泉 靖一 1971. 11. 10: 192)를 강조하고 있다. 흔히 텍스트의 의미는 '표현욕구와 검열 사이의 타협점'(Bourdieu 1991: 137)이 만들어낸

결과로 이해되지만, 저자의 표현욕구 자체가 자기검열 과정에 의해서 통제된 결과물일 수 있다는 점을 망각해서는 안 된다. 부르디외의 지적은 훨씬 더 심각한 양상으로 전개될 수 있다.

한 걸음 더 나아가 이즈미는 "네덜란드의 지배체제 붕괴와 함께 무너진 건강보건 관리체제의 재건에 대해서 생각하는 것과, … 원주민의 복지나 생활의 향상 차원에서 인류학상의 조사를 실시하였다. … 조사대 파견 주체였던 해군뉴기니민정국을 이해시키는 것이 어려웠다. 특히 '원주민의 복지나 생활의 향상'이라는 점을 지적했는데, 전쟁 중에 피점령지 주민에 대해서는 생각할 필요가 없다는 간단한 논리였다. 인도주의에 대해서 그들을 설득하는 것은 불가능했고, 노무관리적인 발상은 내가 하고 싶지 않은 것이었다. 몇 차례 논쟁 끝에 마지막으로 일치한 것은, 그들도 사람이고 따라서 '황화(皇化)될 권리'가 있다는 점이었다"(泉 靖一 1971. 11. 10: 164)라고 적었다.

위의 진술을 해군뉴기니조사대에 제출하여 발간된 보고서 중에서 선무공작과 노무자원으로서의 원주민, 그리고 원주민 지도자의 처단을 담은 내용과 비교할 경우, 우리는 어떠한 판단을 해야 할까? 1971년의 서적에서는 원주민들을 대상으로 하였던 신체측정과 인골수집 중심의 체질인류학적인 작업에 대해서도 일절 언급이 없다. 30년이라는 격동의 세월이 빚어낸 시간대의 차이뿐만 아니라 두 시간대 사이에 개입되어 있는 정치적 배경과 권력의 소재가 달라졌다는 점을 이유로, 동일한 저자의 두 문서에 나타나는 관점격차에 관한 판단을 유보할 수 있을 것인가? 그러한 관점격차는 후자에 의하여 전자가 부인됨으로써 발생하였음을 지적할 수 있다. 관점격차의 원인을 제공한 '직업적 부인(professional denial)'(Schafft 2004: 224) 현상에 관하여 관심을 두지 않을 수 없다.

'직업적 부인' 현상은 시간을 달리하여 다른 장면에서도 반복적으로 일어나고 있으며, 부분적으로는 후속세대에 의해서 승계되어 나타나는 경우도 발견된다. 아사히신문(도쿄/조간)에 게재되었던 사흘분의 글을 하나로 묶어 이즈미의 저작집에 게재한 경우를 살펴보면 다음과 같다. 1943년도 신문기사로 게재되었던 것과 1972년도 저작집에 실린 것을 비교해 보면, 아사히신문 기사 중 (중)(泉 靖一 1943. 10. 27)과 (하)(泉 靖一 1943. 10. 28)는 달라진 것이 없으나, (상)(泉 靖一 1943. 10. 26)은 상당 부분이 삭제되었고, 고쳐진 부분도 있다. 삭제되거나 고쳐진 부분은 주로 대동아전쟁과 민족통치에 관련된 것들임을 확인할 수 있다.

저작집의 편자는 "본권에 수록한 여러 논문의 초출 게재지명을 기록하는 동시에 수록하는 이유도 기록한다. … '서뉴기니의 목우'(1943년 아사히신문)와 물질문화에 대한 선생의 관심을 단적으로 보여주는 것"(大給近達 1972. 4. 15: 396-397)이라고 부언하였다. 사실상 그 기사의 내용은 '물질문화'를 논하려는 것이 아니라, 신문기사에 제목처럼 큰 글씨로 적혀 있듯이 '민족통치의 중요성, 원시적 정신생활, 엄숙한 죽음행사' 등의 내용이었다. 편자가 '저작집'을 편집하는 과정에서 이즈미의 원래 의도와는 달리 설명했음을 알 수 있다. 저작집의 편자인 오규는 이즈미가 교수로 있던 도쿄대학 문화인류학연구실의 제자였다.

왜, 편자에 의해서 삭제와 개고의 행위가 이루어졌을까? 삭제와 개고된 부분이 그 해답을 제공한다. 편자는 저작권자의 허락을 받지도 않고 개고와 삭제 행위를 하였다. 즉 편자인 오규 치카타츠(大給近達)는 '대동아전쟁'과 전쟁 중 '민족통치'와 관련된 부분을 드러냄으로 인하여 선생(이즈미)의 업적에 누가 될 수 있다고 생각했을 가능성이 있다. 유사한 과정은 원저자인 이즈미 세이이치 자신에 의해서도 진행되었던 부분이 있음(全京秀 2005. 3. 25)을 상기한다면, 사제의 대를 이어 진행되고 있는 직업적 부인에 의한 사실은폐 현상을 지적할 수 있다. 이러한 것들이 일종의 시뮬라크르 현상이며, '대동아'라는 키워드와 관련된 모든 현상으로 확산되고 시뮬라크르로 반복되어 나타날 수밖에 없는 것이다.

5. 결어와 과제

전시에 전장으로 동원되었던 인류학자의 작업에 대해서 평가하는 것은 위험한 작업일 수 있다. 왜냐하면, 그러한 평가의 출발점에서부터 선과 악을 기준으로 한 도덕적 가치판단이 개입될 가능성이 높기 때문이다. 필자는 본고의 작성과정에서 가치판단으로부터 자유로운 입장을 견지하려고 노력하였다. 그러한 결과물의 도덕적 가치판단이라는 것은 전혀 다른 맥락에서 충분히 이루어질 수 있는 작업이므로 본고에서는 가능한 한 사실관계만을 정확히 밝히고자 한 것이다.

다른 한편, 전장에 전쟁목적을 위해서 동원된 인류학자의 작업을 그 인류학자의 입장에서 바라본다면, 그 자신이 전쟁의 희생양일 수도 있다. 이즈미 세이이치는 보르네오로 파견되는 육군사정관(陸軍司政官) 직을 피해서 해군촉탁으로서 뉴기니자원조사대에 자원하였다. '자원'이라는 현상을 현재 상황이 아닌 당시 총동원 체제하의 전시상황을 고려하지 않는다면, 우리는 개인적인 희생을 감수했다는 잘못된 결과를 생산하고 말 것이다. 이러한 문제 때문에 나치의 폭정하에서 살아남았던 수많은 '아담'들을 향한 하인리히 뵐(Heinrich Böll, 1917~1985)의 "아담, 너는 어디에 있었느냐?(Wo wärst du, Adam?)"(1951)라는 질문

앞에서 겸허해질 수밖에 없다.

이즈미의 행동반경을 중심으로 뉴기니 조사의 일정을 정리하면 다음과 같다. 1943년 1월 13일 요코하마에서 출발하여 2월 5일 뉴기니 북부 마노콰리에 도착하였고, 자원조사를 위해서 제3반에 편성되어 3월 5일부터 5월 29일까지 58일간 야무르 협곡지대를 탐험하였다. 다음 그는 비악도특별조사대에 편성되어 6월 16일부터 7월 11일까지 비악 섬에서 주로 선무공작을 담당하였다. 8월 3일 마노콰리로 귀환하여 8월 22일 동경행 비행기를 탔다. 해군촉탁으로서 그에게 부여된 임무는 자원조사와 선무공작이었음이 명백하게 드러난다. 해군뉴기니자원조사대와 관련된 문서들 속에서 학술조사라는 단어는 명백하게 드러나지 않는다. 다만 조사대가 구성된 후 '연락회의'(1월 9일) 내용 중에 '학술조사'라는 단어가 나올 뿐이다.

결과적으로 보면, '학술조사'는 조사대의 대원 중에서 학자들이 부차적으로 수행한 내용일 뿐이다. 즉 뉴기니에서 진행된 군속인류학은 자원조사와 선무공작 과정 중 학문종사의 경력을 배경으로 한 촉탁들이 개인적으로 수행한 것에 지나지 않는 것이다. 해군뉴기니자원조사대의 군사적인 임무가 종료된 뒤, 후일 인류학자인 이즈미 세이이치가 자신의 뉴기니 조사 경험을 인류학이라는 학문으로 포장한 내용이 기록으로 남게 되었음을 알게 되었다.

이즈미가 뉴기니에서 활동했던 시기는, 연합군의 반격으로 태평양과 동중국해는 1943년부터 안전한 항해가 불가능한 상황이었다. "1943년 4월 이후, 미국 잠수함부대가 종래의 단함(單艦)에 대한 공격을 변경하여 이리몰이 전법(이리가 무리 지어서 지키는 것처럼 잠수함대가 집단으로 선박을 공격하는 전법)으로 수송선을 공격하였다"(小林英夫 2004. 10. 10: 180). 연합군 잠수함과 구축함의 공격으로 민간 선박까지 침몰당하는 상황이 발생하였고, 대본영으로부터의 전쟁물자 확보와 보급이 시행되지 못하면서 물자확보도 어렵게 되었다. 일본군은 1943

년 5월에 '현재 남방, 특히 뉴기니 방면에서 작전 중인 부대는 철저히 현지자활을 이루어야 함'(竹田光次 1943. 8. 10: 322)의 명령이 하달되었다. 그래서 목하 미일결전의 초점이 된 뉴기니(泉 靖一 1943. 10. 26)로 해군뉴기니조사대가 파견되었는데, 전쟁물자의 현지조달을 실천하기 위하여 자원조사에 필요한 분야의 학자들이 해군촉탁 신분으로 참가하였다. 그 시기는 대체로 1943년 1월부터 8월까지 3회 조사를 실시하였다. 방침은 두 가지: 1. 응급조사 2. 백 년에 이르도록 참고가 될 자료를 획득하는 것(座談會 1944. 2. 21: 50)이었고, 자원탐구와 학술연구(座談會 1944. 2. 21: 51)를 실천한 셈이었다.

"원주민의 민족학적 부문은 민속을 전문으로 한 이즈미가 기록하기로 하였고, 인류학적인 기술은 그쪽 전문가인 스즈키가 있어서 …"(田中正四 1944. 3. 1)라는 동료의 진술이 있다. 민족학(문화인류학)에 종사하게 된 이즈미 세이이치와 인류학(체질인류학)의 스즈키 마코토의 활동에 초점을 맞추면, 광의의 '인류학'이라는 항목을 만족시킬 수 있다. 그러나 본고에서 관심을 두고 추구했던 전시인류학적 측면에서 본다면, 이즈미를 중심으로 전개되었던 전시인류학은 전혀 성공적이지 못하였다.

뉴기니 현지에 대한 사전정보가 전혀 없었던 상황이 학자들의 자료수집 활동에 큰 장애물이었음을 확인할 수 있었고, 수집된 자료 일부는 폭격으로 소실되는 경험을 하기도 하였다. 비악 섬에서 확인된 것처럼, 조사대의 선무공작 임무가 인류학적인 연구를 방해한 경우도 볼 수 있다. 예를 들면 천년왕국운동의 한가운데에 자리하고 있던 이즈미가 선무공작에 치우친 나머지, 그 운동의 인류학적 의미를 간과하는 결과를 가져오고 말았던 것이다. 그는 천년왕국운동을 끝내 선무공작 대상으로서의 '소란'으로만 인식하고 있었다. 이즈미의 활동 중에서 인류학적 연구대상이 아닌 선무공작의 대상으로 전락하고 만 천년왕국운동에 대한 태도는 하나의 큰 아쉬움으로 남는다. 전시인류학의 경우, 현지에 관한 사전정보의 중요성에 대해서 다시 한 번 확인할 수 있는 부분이다.

이즈미와 스즈키의 작업은 「경성학파 인류학」(全京秀 2010. 3. 26)의 일부를 구성하고 있다고 이해할 수 있다. 그러나 후일 자원조사대의 보고서나 그들이 발표했던 논문들을 아무도 인용한 흔적이 보이지 않는다. 보고서 전면에 찍힌 '비(秘)' 자 도장 때문만은 아닌 것 같다. 군속으로서의 역할에 충실했던 보고서의 내용은 보고문을 작성했던 자신들조차 인용하기 어려운 전시상황을 적나라하게 보여주기 때문에, 당사자들이 후일 작성하는 문서에서도 기피대상이 된 것으로 보인다.

아무리 '비(秘)' 자를 선명하게 찍었다고 하더라도 기록은 공적 부문에 저장될 수밖에 없다. 감추고 싶은 사적 부문의 기억이 '비(秘)' 자의 질곡에 갇혀 사회적 기억으로 전환되지 못하는 상황이 진행되는 한 역사는 왜곡된다. 문자라는 수단이 없는 사회에서의 기억능력과 문자에 의존하는 사회의 기억능력에는 엄청난 차이가 있다. 기억능력이 떨어지는 문자사회에서는 기록에 의존하는 역사가 진행되는 경향이 강하다. 이러한 점에서 기록은 사회적 기억을 강화해 주는 역할을 하기에 충분하다. '역사적으로 조성된 이해양식'인 에스노그래피의 작성이 목적인 인류학자들이 '비(秘)'라는 도장에 가려진 기록들을 찾아야 하는 이유가 여기에 있다.

전쟁 막바지에 장가구(張家口)의 서북연구소(西北研究所)에 근무하면서 학술조사 활동을 했던 후지에 아키라(藤枝 晃)는 후일 회고담에서 "우리들의 조사는 물론, 점령시대에 일본인이 점령지에서 수행했던 조사는 신용할 수 없다"(原山 晃·森田憲司 編注 1986: 64)라고 단언하였다. 이 진술은 진술로서의 역할을 하기에 충분하지 않다. 왜냐하면 사실의 전면부만을 보여주는 진술이기 때문이다. 왜 '신용할 수 없는' 것인지에 대한 당사자의 설명이 첨부되기를 기다리는 미완의 진술일 뿐이다. 그 진술의 후면부에서 '누가, 언제, 어디에서, 무엇을, 왜, 어떻게' 하였는지에 대한 구체적인 진술과, 그 진술을 지지할 수 있는 기록과 사진들을 제시함으로써 진술의 임무를 완수하는 것이라고 생각한다. 필자는 후면부의 진술에 적용될 수 있는 작업이 전시(戰時)에 이루어진 군속인류학의 내용이 될 수 있다고 확신하면서, 본고에서는 그러한 작업의 사례로서 이즈미 세이이치가 이룩했던 작업 일부를 소개하고자 하였다.

'일본 안데스학 창시자'라는 타이틀이 전쟁기 10년간 대동아권역에서 이룩했던 이즈미의 인류학적 업적을 희석시킬 수는 없다. 재조명되어야 할 그의 인류학적 업적은 '남선북마'로 요약할 수 있는 만몽과 몽강, 그리고 뉴기니에서의 작업이라고 생각한다. 본고에서 조명한 '남선'에 해당되는 뉴기니에서의 작업은, 해군촉탁으로서 해군의 군사적 목적을 수행하기 위하여 군속으로 동원된 결과를 보여주는 것으로 만족하고자 한다. 필자는 그의 작업을 한마디로 군속인류학이라고 요약하였다. 그것은 전생기에 나타난 현상으로서, 이즈미에게만 적용되는 것은 아니다. 대동아전쟁 중 북수남진(北守南進)이라는 군사상의 틀 속에서 진행되었던 모든 작업에 적용되어야 할 문제이다.

대동아전쟁과 관련된 문제들을 삶의 여정에서 침전된 일종의 감정적 잔여물로서, 그리고 신경생리학적 현상인 잔영으로 볼 것인가? 일회적인 잔영으로만 남았던 것이라면, 우리는 그것의 역사성에 대해서 반복적으로 논의할 가치가 없어진다. 따라서 필자는 그것을 일종의 시뮬라크르 현상으로 이해하고 싶다. 왜냐하면 이즈미 세이이치와 그의 일행들이 일시 주둔했던 수피오리의 코리도에서, 필자가 면접했던 (2010년 1월) 팔십 대의 파푸아 노인들은 구(舊)일본군 군가(軍歌)와 육전대 지대장의 이름을 또렷하게 기억하고 있었다.

이러한 현상을 신경생리학적 잔영으로 볼 것인가, 아니면 출현과 부재, 그리고 존재와 허무 근처에서 맴도는 삶의 시뮬라크르로 볼 것인가? 그것이 시뮬라크르라고 한다면, 그 시뮬라크르가 플라톤이 언급했던 것인지, 들뢰즈(G. Deleuze)가 부언했던 것인지에 대해서 우리는 어떤 평가를 내릴 수 있을까. 필자가 하고 있는 작업이 들뢰즈의 시뮬라크르 범주에 손을 들어 주는 효과를 생산할 수 있을 것인가. 필자는 그렇게 되기를 바라며, 아무도 관심 둬주지 않은 채 지난 70년 동안 침묵 당하고 있었던 이즈미 세이이치의 뉴기니 조사에 대한 자료정리를 시도하였다.

군속인류학에도 여러 가지 형태가 있을 수 있다고 생각한다. 그러나 이즈미가 '학술조사'라는 이름하에 "먼저 예언자적 지도자를 처단한다. 처단이 끝난 뒤 다가오는 혼돈 상태에서 일본의 온정과 위력을 충분히 선전하고, 이어서 약간의 물자적인 선무를 행함"이라고 결론 내린 점에 대해서는 생각을 달리할 필요가 있다. 군사작전을 위한 선무공작과 학술조사가 뒤섞이는 상황에 대한 반성이 필요하다. 뉴기니에서 이루어졌던 이즈미의 인류학적 작업들은 개인적인 차원에서 진행되었기 때문에, 군속인류학이라는 이름의 학술조사는 자원조사와 선무공작에 보조적이거나 별도로 이루어질 수밖에 없었다. 그러나 군사적인 목적을 위한 명시적인 학술조사가 군속인류학의 내용을 구성하는 경우에 대해서도 외면하지 말아야 할 것이다. 사전 위장과 사후 은폐로 진행될 수밖에 없었던 군속인류학의 내용은 미완으로 끝날 수밖에 없었음이 교훈으로 남는다.

나치 치하의 제3제국에서 운영했던 KWIA(Kaiser-Wilhelm Institut für Anthropologie)와 IDO(Institut für Deutsche Ostarbeit)의 인류학적 작업들에 대한 비판과 평가(Schafft 2004)가 진행되었던 것처럼, 대동아전쟁 당시 '대일본제국'의 군사조직하에서 수행되었던 다양한 차원과 형태의 '학술'이라는 이름의 보고서와 문서들이 제작되는 과정에 대한 세밀한 점검이 필요하다. 그러한 작업을 동시대에 만들어졌던, 연합군을 포함한 미국 측의 OSS(Office of Strategic Services)와 OWI(Office of War Information)에 의한 작업과 심도 있는 비교를 전제로 한다면, 우리는 장

래에 군속인류학의 지평을 열어갈 수 있는 여지를 더욱더 넓게 마련할 수 있다고 생각한다. 이러한 작업이 가능할 때, 인류학은 과거를 거울로 하여 미래로 나아갈 수 있는 기초를 다질 수 있으리라 믿는다. 군속인류학이라는 장르가 그러한 일익을 담당할 수 있을 것이라는 확신이 있다.

후주

1. 태평양협회는 1938년 5월 11일 창립하였고, 중일전쟁 후 대륙정책의 완성을 위한 사업을 담당하였다. 총무부, 국제부, 기획부[부장 히라노 요시타로(平野義太郎)], 조사부, 홍보부로 구성되었고, 1942년 10월부터 1국 6부로 확장되면서 민족부를 설치하였다.

2. 타야마 도사부로(田山利三郞, 1897~1952). 미야기 현 출신. 그는 포나페 섬, 파라오 군도, 마셜 제도, 얍 군도 북부마리아나 군도 등을 포함하는 남태평양군도의 지형지질과 산호초의 전공자였다(田山利三郎 1940. 12. 20). 그는 1934년 뉴기니의 '파구파구'와 '소론 섬'에 갔던 적이 있고, 1940년 2월에는 카네히라(金平亮三)와 함께 뉴기니를 방문한 적이 있다. 당시 타야마는 나비레, 모미-와-렌, 앙기 호(湖) 등의 3개소를 조사하였고, '소론 섬'에 다시 갔으며, 보겔콥(Vogelkop)의 머리에 해당하는 '마노콰리', '모미', '사루미' 등 남양흥발의 조차지에 대한 시찰이 있었다(田山利三郎 1941. 3: 14). 이 조사가 완료된 후 1941년 2월 20일 엔주슌(延壽春)에서는 오후 5시 반부터 제3회 예회에서 발표가 있었는데, 참가자는 石田龍次郎(東京商大豫科敎授), 今西錦司(京都帝大理學部講師), 內田寬一(東京文理大助敎授), 鹿野忠雄

(理學博士), 杉浦健一(東京帝大理學部人類學教室), 武見芳二(東京高師教授), 多田文男(東京帝大理學部助教授), 田山利三郎(東北帝大助教授), 中野朝明(東京帝大人類學教室助手), 花井重次(東京高師教授), 福田省三(東亞研究所所員), 山岡 保(陸軍氣象部技師), 渡邊 光(陸軍教授), 平野義太郎(本協會企劃部長), 西方秀男, 中野 弘(田山利三郎 1941. 3: 21-22) 등이었다. 이 명단에 등장한 인류학자들로는 이마니시 긴지(今西錦司), 카노 타다오(鹿野忠雄), 스기우라 켄이치(杉浦健一), 나카노 도모아키(中野朝明) 등이다. 타야마는 전후 1947년 해상보안청 수로부 측량과장이 되면서 모교인 도호쿠대 교수를 겸임하였다. 산호초와 해면변동을 연구하기 위하여 1952년 9월 24일 묘진쇼(明神礁, 도쿄 남쪽해상 인근, 일본판 마의 삼각해역) 조사 중, 승선했던 배가 화산분화로 조난하면서 사망하였다(55세). 제5카이요마루와 함께 31명 전원 사망하였다. 전후의 논문으로는 다음과 같은 것이 있다.

1950, 「四国沖の海底地形, 特に大陸棚斜面の形態について」, 『水路要報(増刊)』 7: 54-82.

1950, 「相模湾東部の海底地形と底質の分布について」, 『水路要報』 17: 1-26.

1952, 「南洋群島の珊瑚礁」, 『水路部報告』 11: 1-292.

1952, 「日本近海深浅図について」, 『水路要報』 32: 160-167.

3. 마쓰에 슌지(松江春次, 1876~1954). 아이즈(會津) 출신. 미국 루이지애나대학 설탕과(砂糖科) 유학. 1921년 남양흥발주식회사(南洋興發株式會社) 설립. 사이판과 티니안에 제당공장 설립. '남양개발의 아버지', '설탕왕'이라는 별호가 있다. 마쓰에에 관한 저서로는 노나카 후미오(能仲文夫)의 것이 참고할 만하다(能仲文夫 1941. 11. 25).

4. '11월 11일. (중략) 조사반의 조직, 사람들 간의 인화가 가장 중요하므로, 1반1교(소)로 해서 혼성을 피하였다. 각 반의 주체는 다음과 같다. 제1반 도호쿠제대, 제2반 자원과학연구소, 제3반 도쿄과학박물관, 제4반 교토제대, 제

5반 남양청, 제6반 남양흥발주식회사'(佐竹義輔 1963. 6. 15: 4)라는 기록도 있다. 준비과정에서 여러 차례 조직이 바뀌었다는 점을 알 수 있다.

5. 헬빙크(Geelvink) 만: 네덜란드령 뉴기니 북안의 남쪽 만. 이 이름은 1705년 이곳을 방문했던 네덜란드 군함의 이름에서 온 것으로, 군함의 이름은 네덜란드 동인도회사의 이사 요안 헬빙크(Joan Geelvink)에서 따온 것(增井貞吉 1938. 10: 44–45)이다. 현재는 첸드라와시 만으로 개명되었다.

6. 사타케 요시스케(佐竹義輔 1902~2000). 아키타 현 출신. 일본고산식물보호협회 회장. 전문은 식물분류학. 도쿄제국대학 이학부를 졸업하고 도쿄과학박물관의 식물연구부장에 취임하였다.

7. 갈라스마오(Galasmao)는 팔라우의 보크사이트 광산이 있는 곳으로서 섬의 북부에 있다. 수도인 코로르는 남부에 있다.

8.

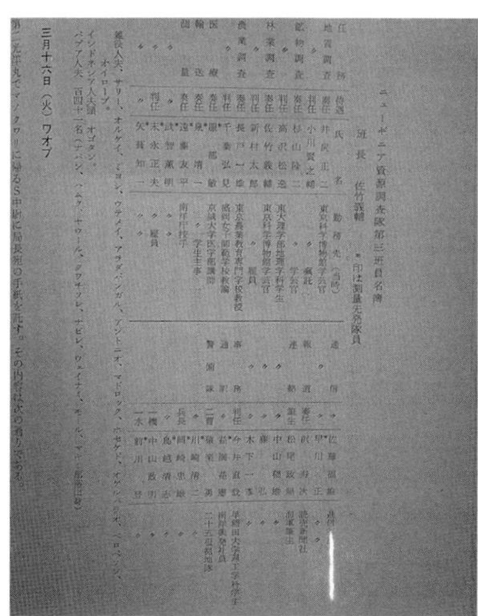

ニューギニア資源調査隊第三班員名簿 ＊印は測量先発隊員

班長 佐竹義輔

三月十六日（火）ワオプ

그림 29.
뉴기니자원조사대 제3반원 명부
(佐竹義輔 1963. 6. 15: 106)

9. 목제 다이하쓰(大發)는 1942년에 제작된 상륙정으로서 무게 11톤, 크기 14.55×3.33미터, 속력 9노트, 디젤 엔진 60PS, 적재량 70명 또는 10톤 화물.

10. 하타에 노부히로(波多江信廣, 1901~?). 후쿠오카 현 다자이후 출신. 경성공업전문학교, 도호쿠제국대학 이학부 졸업(1931년). 조선총독부 기사(지질조사소 지질부장), 경성제대 이과교원양성소 강사, 카고시마(鹿兒島)대학 교수 역임(1952년 6월 16일자로 문리학부 교수 임용). 초대 이학부장(1965. 4. 1~1967. 3. 31). 1967년 3월 카고시마대학 퇴관. 그는 지질학 중에서도 석탄층에 대한 전문가이다. 1953년 문부성과학연구비로 「天草巖田の地質構造と無煙巖化の原因」(과제번호 408076)을 연구하였다. 1980년 9월 11일 명예교수. 전후 그가 발표한 논문으로는 다음과 같은 것이 있다.

1956. 4. 1, 「宇治群島及草垣島の地質」, 『鹿兒島大學南方産業科學研究所報告』 1(1): 1－12.

1956. 8. 31, 「霧島新湯溫泉の山くずれ」, 『鹿兒島大學理科報告』 5: 37－54.

1957. 10. 31, 「朝鮮咸鏡北道北部炭田における夾炭層の堆積相と石炭層の發達について」, 『鹿兒島大學理科報告』 6: 61－77.

1959. 9. 30, 「熊本縣天草下島における上部白堊系と古第三系との境界について」, 『鹿兒島大學理科報告』 8: 101－113.

1960. 7. 20, 「天草下島南半部の地質と地質構造」, 『鹿兒島大學理科報告』 9: 61－107.

1962. 9. 30, 「西イリアンのHorna炭田について」, 『地學雜誌』 730: 15－31.

11. 스즈키 마코토(鈴木 誠, 1914~1973). 1917년 일가 경성에 전거. 경성공립중학졸업(1932), 마쓰에고등학교 이과갑류 졸업(1936), 경성제국대학의학부 입학(1936)·졸업(1940), 경성제국대학의학부 해부학제3강좌(주임 이마무라 유타카) 부수(1940. 4), 동 조수(1941. 8), 대구의학전문학교 강사촉탁(1942. 10), 해군성뉴기니민정부 사무촉탁(1942. 12. 1), 뉴기니 출장

명령 경성 출발(1942. 12. 18), 요코하마 항 출항(1943. 1. 11), 부산 상륙, 귀임(1943. 9. 8), 뉴기니민정부 사무촉탁 해제, 해군성남방정무부 사무촉탁(1943. 9. 15), 아사히(旭)의학전문학교 강사촉탁(1943. 12. 5), 해군성남방정무부 사무촉탁 해제(1944. 1. 31), 함흥의학전문학교 사무촉탁(1944. 4. 5), 경성제국대학의학부 강사촉탁(1944. 4. 27), 조선공립전문학교 교수(고등관7등) 임명, 함흥의학전문학교 교수(1944. 6. 22), 경성제국대학의학부 강사 해촉(1944. 9. 14), 경성제국대학 의학박사 학위(1944. 11. 21), 1945. 4. 30 결혼, 경성제국대학대륙자원과학연구소 촉탁(1945. 6. 1), 종전 인양(1946. 1. 3), 재단법인재외동포원회참사 대륙인양자 체질연구(1946. 5. 15), 조선총독부 폐청, 함흥의학전문학교 교수 자연해임(1946. 5. 31), 히로시마현립의학전문학교 강사촉탁(1948. 1. 15), 히로시마현립의과대학 강사촉탁(1948. 3. 10), 히로시마현립의과대학 조교수(1948. 9. 14), 문부교관으로 채용되어, 신슈대학 마쓰모토의과대학 교수 해부학제2강좌 담당(1951. 3. 1), 서거(1973. 4. 22) 향년 58세(信州大學醫學部第二解剖學教室 編 1974).

12. 유사한 내용의 기록이 이즈미의 필드노트에서도 발견된다. "비악도의 마녀 한 명이 '이제 태양이 없어지고 해산(海山)이 사라지면서 전쟁이 일어난다.'라고 예언하였다. 그때 만소렌이라는 음식물을 제공하고 여태껏 들어본 적도 없는 신의 물을 몸에 끼얹으면 불사신이 된다고 하였다. 전쟁이 시작되어 이리오모테 본군(西表本軍)의 폭격으로 마노콰리의 감옥이 파괴되었을 때, 만세이라는 남자가 이 섬으로 도망하여, 마녀와 함께 만소렌을 중심으로 파푸아 왕국의 시대를 열었다. 일하지 않고, 야자주를 마시며 춤으로 미치는 일이 벌어졌다. … 주민이 부화뇌동하여 군장과 선교사에 대항하면서 무정부 상태가 되었다. 그때 일본군이 이 섬에 들어갔고, 프라우가 일본군을 둘러쌌다. 그를 상대로 기관총을 갖다 대어도 이르지 못하자 그들의 신앙은 더욱 굳건해졌다. 그리하여 일본군은 온갖 수단을 다 동원하여 만세이와 마녀를 체포하였고, 마노콰리로 데려가 처형하였다. 그

후 제이콥이라는 남자가 그들의 유발(遺髮)을 엮어 수비군장을 습격하기도 하였다."

13. 필생(筆生, scriber)은 병졸에 상당하는 사람이다. 소년병이나 지원병으로서 눈이 나쁘거나 부상하여 병업(兵業)에 적당하지 않은 자들을 임명하였다. 또한 사관의 추천으로 급사에서 전직한 자들도 있었다. 비서·서기의 조수로서 속기와 정서 및 인쇄와 서류정리, 통신전령 등의 문서업무에 종사하였다.

14. "아주 운이 좋은 날이었다. 보존상태가 양호한 파푸아 사람의 두개골 6개를 입수하였다"(Miklouho-Maclay, Nikolai 1982: 133). 두개골을 수집하는 사람들의 유사한 입장을 읽을 수 있다. 이즈미의 노트에는 '타모가테(성인의 두개골)'를 못과 담배, 그리고 적포 등의 선물과 바꾸었다고 기록되어 있다.

15. 카나세키 다케오는 경도제국대학 의학부 해부학교실 출신으로서, 독일유학 이후 대북제국대학 의학부 해부학교실 교수가 되어 체질인류학을 전문으로 하였다. 인류학과 민속학에 관심이 많아서 스스로 『민속대만(民俗臺湾)』이라는 잡지를 출간하였다.

16. 전쟁 중 호주군 대위 윌리엄스가 뉴기니의 오웬 스탠리 산정에서 전사한 시기는 1943년 5월 12일이었다.

17. 1939년 스하우텐 군도에서 조금 떨어진 작은 섬에 살면서 세례를 받고 기독교도가 된 나병환자 아가니타 노파는 빈사상태에서 회복되었다. 그녀는 영생의 비밀을 알고 있는 것으로 알려졌다. … 관헌이 두목과 만나 그녀를 야펜 섬의 세루이로 연행하였고, 주변 사람들은 아가니타를 동정하

였다. 아가니타는 특히 바다가 없어지면서 대전쟁이 일어나고 … 전쟁이 일어나면 파푸아 왕국이 건설된다고 사람들에게 전하였다. 그녀는 투옥되었고, 일본군의 뉴기니 감정작전이 시작되자 네덜란드 군이 도망을 쳤다. 아가니타의 예언이 적중한 셈이다. 그래서 일본군이 도착하기 직전에는 그 운동이 폭력적이고 혁명적인 것으로 변질되어 있었다. 그녀는 근처에 진주한 일본해군부대에 넘겨졌다. 그즈음 마노콰리에 살인죄로 투옥되어 있던 비악 섬 출신의 스테파누스 시미오피아레스가 일본군의 폭격으로 부서진 감옥을 탈출하여 아가니타의 대변자를 자처하며 곧 파푸아 왕국이 온다고 전하였다. 그러면서 네덜란드 국기를 거꾸로 한 파푸아 왕국의 깃발과 '신성한 물'로써 불사신이 되어 적탄도 막아내는가 하면, 목총에서도 실탄이 날아간다고 주장하였다. 그는 하늘에서 음식이 내려오니 일할 필요도 없다고 하였다. 인도네시아인은 적으로 간주하여 죽이라고 사주하였고, 네덜란드 정부가 금지하였던 야자술을 만들어 마셨으며, 전도활동이 하룻밤의 대규모 광란의 춤판으로 변질되었다. 이 운동의 지도력은 아가니타에서 스테파누스에게로 이전되었다.

비악 섬으로 돌아간 그는 대회합의 필요성을 알게 되면서 파푸아 왕국을 건설하기 시작하였다. 8888이라는 신비한 수를 배경으로 한 비밀군대를 조직하였고, 황금시대(밀레니엄)에 대비하여 새로운 부락의 한가운데에 가옥을 건설하였다. … 이 운동은 일본 지배하에서 급속히 신장되었다. 그러나 일본군은 처음에는 해방자로서 경의를 표하는 대상이었지만, 곧바로 환멸을 느꼈다. 일본 왕에게 파푸아 왕국의 공식적인 깃발을 인정해 달라는 희망도 사라졌다. 지도자 몇몇은 일본을 도왔지만, 대부분 사람은 곧바로 심각한 갈등을 일으켜 네덜란드의 치세보다 더 나쁘다는 비난이 쏟아졌다. 그리하여 파푸아인은 선택된 사람들이라는 자신감을 더 강하게 하였다.

스테파누스 시미오피아레스의 일단이 1942년 7월 6일 소웩 섬을 점령하여, 화교와 암본인 교사들을 죄수로 감옥에 가두고 고문하였다. 일본군은 일격을 가할 결의로서 7월 13일 포획한 네덜란드 선박으로 라니 섬을 포격하였다. 만세렌 신도들은 적탄을 맞지 않는다는 확신하에 목제 라이플총으로 무장하고 카누를 타고 건너왔지만, 기관총을 맞았다. 많은 사상자가 나왔고, 그중에는 스테파누스도 있었다. 일설에 따르면 그는 나중에 아가니타와 함께 마노콰리에서 처형되었다고 한다. 하지만 그들의 운동까지 중지시키지는 못하였다. 참가를 단념했던 촌락은 만세렌 집단으로부터 공격을 받았다. 일본군 순시부대가 체포되어 죽임을 당하기도 하였다. 전투는 여러 섬에서 전개되었다. 일본군에 협력했던 스테파누스 다운은 이어서 상륙한 미군에 협력한다는 성명을 내었다. 그래서 체포되어 (일본군에 의하여) 참수당하였다.

목메르 공항의 활주로 가까이에 본부를 설치한 얀 시미오피아레스 무리는 한 달 후에 돌아온 일본군의 기관총에 소탕되어 500명 정도가 살상되었다. 비악 섬에서는 코리누스 보세렌 지휘 하의 일단이 의연히 전투를 벌이고 있었는데, 주로 공격집단이었다. 그는 얀과 협력하여 화교 상점들을 습격하고 전도자들을 살해하였다. 북비악 섬사람들은 와부스의 근거지에서 집결하였다. 일본군 장교가 대표로 와부스에게 다가가 군도로 위협하였다. 그때 코리누스는 무서운 나머지 도망쳤고, 나머지는 산도로 대항하였다. 이에 대한 보복으로 일본군은 토벌군을 파견하였다. 마을 주민들은 소탕되었고, 많은 경우 고문을 당하기도 하였다. 코리누스는 일본군에 저항하다 친척 중의 한 사람에게 살해되었다.

서비악 섬은 물론, 눈포르나 야펜에서도 이러한 운동을 벌이는 무리들이 있었다. 그러나 당국은 이 운동이 더 이상 확대되는 것을 막는 데 성공하였다. 일반적으로 일본군은 그러한 무리가 더 위험해지기 전에 하나하나 파괴하였으며, 활주로가 위험해질 수도 있다는 두려움 때문에 인정사정 볼 것도 없이 부락 전체를 이동시키는가 하면, 많은 사람을 참수하고 고문하였다. 더욱이 어린이들에게도 중노동을 부과하였다. 이러한 고난의 시기를 보내던 그들에게 1944년 미국의 비악 섬 공격은 구세주의 출현과도 같았다. 5,000명의 일본군은 바로 무장해제 당하였다(古野淸人 1967. 5. 31: 195-196). 그러나 미군의 군사적 승리보다 도민들에게 더 충격을 준 것은 그 엄청난 전시물자들이었다. 예언대로 선박과 상륙용 주정들이 하물들을 해안으로 모조리 실어 날랐다. (전장으로 폐허가 된 지역에서) 제대로 사고야자를 산출하지 못했던 비악 섬에는 먹을 것이 부족하였다. 섬사람들은 미군으로부터 음식물을 받았고, 또 일본군 낙오병을 색출하는 데 필요한 무기를 받기도 하였다.

그들에게 미군은 해방자였다. 그들은 미국인이 돌아가면, 모든 것이 자신들의 것이 될 것으로 생각하였다. 그런데 그 '밀레니엄'은 남지 않았다. 미국의 선박하물은 섬사람의 손으로 건너오지 않았던 것이다. 더욱더 가열한 현실이 파푸아인들에게 닥쳤다. 가까운 천국으로의 신앙은 빛깔뿐이었다(古野淸人 1967. 5. 31: 191-197과 1972. 9. 30: 264-268). 후루노의 기록은 이즈미가 떠난 이후의 내용을 담고 있다. 후루노의 기록은 천년왕국운동이라는 맥락에서 작성되었다.

후루노가 『민족학연구』의 편집자로 일할 당시 경성제대 학생이었던 이즈미의 오로첸 관련 논문(1937. 1)이 『민족학연구』에 게재된 적이 있다. 북만주의 오로첸으로 접촉했던 양자는 남쪽의 비악에서 다시 접촉하게 되는 기묘한 인연이다.

18. 근거지대는 일본해군의 육상부대 중 하나로서, 점령지 등에 배치되어 임시 해군기지를 방위·관리하는 부대였다. 제2차 세계대전 시기에는 특설근거지대(特設根拠地隊)와 특별근거지대(特別根拠地隊)의 두 종류가 존재하였다. 광의의 해군육전대의 일종이다. 제25특별근거지대는 1942년 말 구레(呉) 진수부에서 편성되어 마노콰리로 배치되었다가, 미군의 공격으로 비악수비대가 동굴에서 옥쇄했던 1944년 7월에 암본으로 후퇴하였다. 이즈미 일행이 만났던 사령관은 스즈키 나가조(鈴木長蔵, 1890~1952) 소장(재임 기간: 1942. 12. 29~1944. 1. 23)으로, 야마구치 출신이며 해군병학교 40기

이다.

19. 이 보고서는 현재 도쿄대학 도서관에 보존되어 있다. 필자가 볼 수 있었던 다른 편들은 1944년 6월에 함께 발간된 제9편(측량반 보고)과 제10편(특별반 보고)이다. 동일하게 모두 '비(秘)' 자가 보고서의 제목 머리 부분에 찍혀 있다.

20. 아다치 마타히코(足立又彦, 1894~1958): 도쿄 출신. 해군경리학교 4기. 뉴기니민정부 조사국장(1942. 10. 13~1943. 4. 12). 해군주계소장 예비역.

21. 에드문드 리치(Edmund Leach 1910~1989)는 북버마 카친족 지역 내에서 인류학적 현지작업을 하던 도중에 제2차 세계대전을 맞이하여 현지에서 군복무를 시작하였다(Leach 1954). 그는 정보장교로서 카친족 훈련 임무를 수행하였고, 카친족은 연합군 측의 게릴라 부대로서 역할을 하였다. 일본군이 버마(미얀마)와 중국의 국경을 장악하지 못했던 것은 카친족 부대의 저항과도 관련이 있다고 생각한다. 1942년 5월 1일 북버마의 만달레이를 공격한 일본군이 북진하여 중국 국경을 넘어 운남성의 등충현(騰沖県)을 장악한 것은 5월 11일이었는데, 노강(怒江)을 경계로 7월 13일까지(尹文和 2004. 9: 342-343) 대치상태에서 더는 진격하지 못한 것은 후방 점령지의 연합국 측 게릴라 활동에 영향을 받은 것으로, 그 게릴라 활동의 일부를 카친족이 담당했던 것이다. 결국 일본군이 소위 전면공로(滇緬公路, 일명 스틸웰로드)를 차단하지 못함으로써 중경의 장개석 정부가 항일전쟁을 수행할 수 있게 되었다.

22. 할펀은 캘리포니아 버클리대학에서 알프레드 크로버(Alfred Kroeber)의 제자로 석사를 하였고, 시카고대학의 해리 호이어(Harry Hoijer) 밑에서 인류학 박사(1947)를 하였다. 시카고대학에 부설되었던 Civil Affairs Training School

(육군성이 1942~1945년간 Stanford, Harvard, Chicago, Michigan 등 4개 대학에서 운영했던 프로그램, CATS로 약칭)에서 그의 첫 번째 부인(Mary Fujii Halpern, 日本人)과 함께 일본어 교육에 참여하였다. 전후 GHQ의 CIE에서 활동했던 할펀은 일본어의 로마자화에 심혈을 기울이기도 하였다. 그 후 카네기재단(Carnegie Institution)과 랜드 코퍼레이션(RAND Corporation)에서도 일하였다. 저서로는『Political Trends in Japan』(1950)이 있는데, 그 내용은 1947~1949년까지 일본공산당의 움직임에 대한 분석이다.

23. 1948년 9월 30일 미국인문과학고문단이 도쿄에 도착하여 센다이, 후쿠오카, 히로시마, 교토를 방문하였다. 방문단은 1948년 10월 2일 우에노 세이요칸(靜養軒)에서 미국인문과학고문단 환영회(CIE의 뉴젠트 중좌 동행)가 개최되었고, 그들은 1949년 1월 초에 귀국하였다. 그 결과는 CIE(민간정보교육국, Nugent 중좌가 국장)를 통해서 GHQ에 전달되었다. 1949년 3월 CIE는 일본 측 위원을 인선하였고, 일본 측에서는 학술체제쇄신위원회에 의촉해서 그 운영위원회가 인선하였으며, 그 결과를 CIE에 전달하였다. 그 단체 이름은 '미국인문과학고문단 일본측위원회'이다. 미국 고문단에는 글렌 트리워사(Glenn T. Trewartha, University of Wisconsin, 인문지리), 에드윈 라이샤워(Edwin O. Reischauer, Harvard University, 역사학), 찰스 마틴(Charles E. Martin, University of Washington, 정치학), 조지 브래디(George K. Brady, University of Kentucky, 문학), 루터 스탤네이커(Luther W. Stalnaker, Drake University, 철학)가 포함되었다. 일본 측 위원회 위원장은 난바라 시게루(南原 繁, 도쿄대 총장), 부위원장은 오타카 도모오(尾高朝雄), 위원에는 야나이하라 타다오(矢内原忠雄) 등 22명이었다. 전문위원에 이시다 에이이치로(石田英一郎), 에가미 나미오(江上波夫), 야마모토 다쓰로(山本達郎), 이시다 미키노스케(石田幹之助) 등 112명이 포함되었다.

24. 그가 도쿄인류학회에서 최초로 발표한 것은 1939년 3월 11일 도쿄인

류학회 第25회 예회에서 강연 '내몽골(內蒙)의 민속풍습견문'(多田文男, 泉 靖一)이었다(民族學硏究 5(2): 114)(1939. 3. 30 발행).

참고문헌

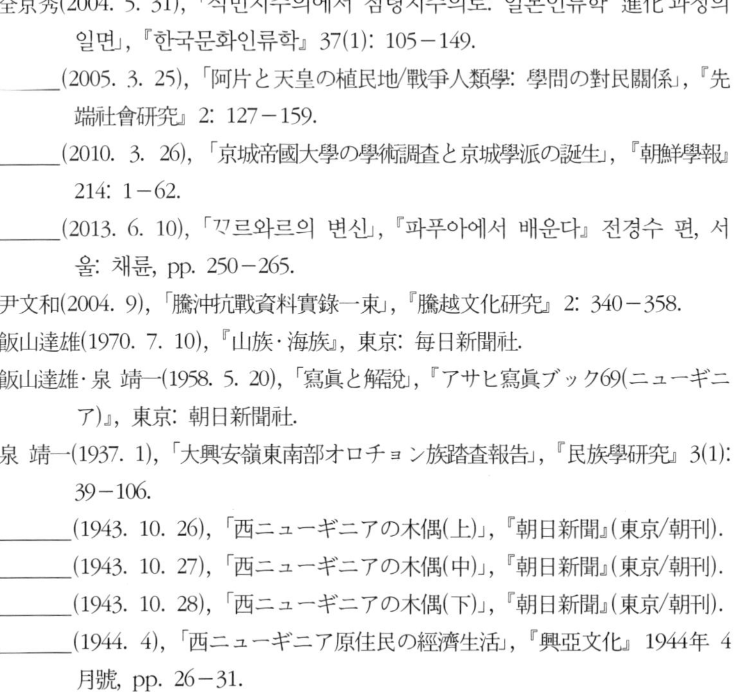

全京秀(2004. 5. 31), 「식민지주의에서 점령지주의로: 일본인류학 '進化'과정의 일면」, 『한국문화인류학』 37(1): 105－149.

______(2005. 3. 25), 「阿片と天皇の植民地/戰爭人類學: 學問の對民關係」, 『先端社會研究』 2: 127－159.

______(2010. 3. 26), 「京城帝國大學の學術調査と京城學派の誕生」, 『朝鮮學報』 214: 1－62.

______(2013. 6. 10), 「ㄲ르와르르의 변신」, 『파푸아에서 배운다』 전경수 편, 서울: 채륜, pp. 250－265.

尹文和(2004. 9), 「騰沖抗戰資料實錄一束」, 『騰越文化研究』 2: 340－358.

飯山達雄(1970. 7. 10), 『山族·海族』, 東京: 每日新聞社.

飯山達雄·泉 靖一(1958. 5. 20), 「寫眞と解說」, 『アサヒ寫眞ブック69(ニューギニア)』, 東京: 朝日新聞社.

泉 靖一(1937. 1), 「大興安嶺東南部オロチョン族踏査報告」, 『民族學研究』 3(1): 39－106.

______(1943. 10. 26), 「西ニューギニアの木偶(上)」, 『朝日新聞』(東京/朝刊).

______(1943. 10. 27), 「西ニューギニアの木偶(中)」, 『朝日新聞』(東京/朝刊).

______(1943. 10. 28), 「西ニューギニアの木偶(下)」, 『朝日新聞』(東京/朝刊).

______(1944. 4), 「西ニューギニア原住民の經濟生活」, 『興亞文化』 1944年 4月號, pp. 26－31.

_______(1944. 5), 「西ニューギニア原住民の經濟生活(中)」, 『興亞文化』 1944年5月號. pp. 32－38.
_______(1944. 8. 21), 『南方民族論』(大東亞經濟講座前期第二輯), 京城: 社團法人東亞經濟懇談會朝鮮委員會.
_______(1949. 6), 「サゴ椰子の生み出す文化: ニューギニアの植物民族學」, 『民族學研究』 13(4): 36－49.
_______(1950. 2), 「西部ニューギニア原住民の社會組織」, 『民族學研究』 14(3): 19－28.
_______(1950. 5), 「ニューギニアの南北文化横斷線」, 『民族學研究』 14(4): 48.
_______(1950. 11. 1), 「メラネシア社會の不安定性」, 『人類科學』(八學會年報第二輯), pp. 81－87.
_______(1951. 6. 10), 「未開社會の政治集團」, 『社會學講義資料 II』(或る文化變遷モノグラフ), 東京: 敬文堂. '附錄'.
_______(1966. 9. 21), 「初めに神殿ありき ― 無土器時代に農業も」, 朝日新聞.
_______(1971. 11. 10), 『遙かな山やま』, 東京: 新潮社.
_______(1972. 4. 15), 「西ニューギニアの木偶」, 『泉靖一著作集(2)』, 東京: 讀賣新聞社, pp. 146－151.
泉 靖一·中山稻雄(1944. 5), 「西ニューギニア原住民の民族社會學的調査(昭和18年 11月)」, 『ニューギニア調査報告書』(第7篇: 民族班報告), 海軍ニューギニア調査隊.
泉 靖一·鈴木 誠(1944. 11. 10), 『西ニューギニアの民族』, 太平洋協會編, 東京: 日本評論社.
泉 貴美子(1972), 『泉 靖一と共に』, 東京: 芙蓉書房.
石田英一郎(1948. 3), 「民族學の發展のために: 編輯後記」, 『民族學會誌』 12(4): 81－86.
岩武照彦(1989), 『南方軍政論集』, 東京: 巖南堂書店.
岩村 忍(1941. 11), 「民族政策についての若干の原理的考察」, 『思想』 234: 9－17.
梅棹忠夫(1971. 11. 10), 「泉靖一における山と探險」, 泉靖一 著, 『遙かな山やま』, 東京: 新潮社, pp. 349－374.
大給近達(1972. 4. 15), 「編者あとがき」, 『泉靖一著作集(2)』, 東京: 讀賣新聞社, pp. 389－398.
大貫良夫(1988. 12. 10), 「泉 靖一: 日本アンデス學の創始者」, 綾部恒雄 編, 『文化人類學群像(3)』(日本編), 東京: アカデミア出版會, pp. 411－432.

尾川正二(2002. 9),『東部ニューギニア戰線』, 東京: 光人社.
金關丈夫(1944. 8. 1),「ビアック島のヘルメス」,『民俗臺灣』4(8): 18－19.
金平亮三(1942. 1. 20),『ニューギニア探險(訂正版)』, 東京: 養賢堂.
淸野謙次(1928. 5. 25),『日本石器時代人硏究』, 東京: 岡書院.
________(1942. 11. 1),「日本人類·民族學の方法論」,『改造』24(11): 52－61.
________(1943. 5. 10),「西部ニューギニア民俗誌」, 太平洋協會 編,『ニューギニアの自然と民族』, 東京: 日本評論社, pp. 77－118.
小林宏志(1949. 4),「パプア人(西ニューギニア)の民族生物學的硏究」,『廣島縣立醫科大學論文集』1: 197－215.
小林英夫(2004. 10. 10),『帝國日本と總力戰體制』, 東京: 有志舍.
小山榮三(1942. 11. 10),「民族政策に就いて」,『民族政策と南方の人口問題』(井上民族政策硏究所硏究資料第二輯), 東京: 刀江書院, pp. 7－41.
佐竹義輔(1963. 6. 15),『西イリアン記』, 東京: 廣川書店.
澤 壽次(1944. 1. 5),「ホランディア探検行 甘露を出す竹」(ニューギニア学術探検報告 4),『讀賣新聞』240062號. 朝刊 3面.
佐藤 久(2004. 11. 27),「地図と空中写真真、見聞談: 敗戦時とその後」, 第6回外邦図研究会日本地図センター(講演記錄, 未出版).
佐野 學(1924. 6. 1),「軍國主義に就て」,『我等』5(6): 389－392.
座談會(1942. 4. 1),「南方開發の硏究」,『新亞細亞』, 1942年 4月 1日 發行, pp. 54－81.
______(1944. 2. 21),「ニユウ.ギニア學術探檢」,『改造』26(3): 49－63.
______(1945. 8. 30),「民族學の問題－日本に於ける歷史と題課」,『民族硏究彙報』3(1. 2): 15－29.
島 五郎(1957. 11),「今村豊先生還曆祝賀論文集の發刊に際して」,『人類學輯報』18: i－ii.
信州大學醫學部第二解剖學教室 編(1974),『故鈴木誠先生略年譜及主要著作目錄』.
鈴木 誠(1944. 3),「原住民: 鼻棒·首飾·獨木船等」,『城大學報』79.
_______(1944. 3),「西ニューギニア原住民の人類學的硏究豫報」,『人類學雜誌』59(3): 79－89.
_______(1949. 4),「パプア人の體質人類學的硏究」,『廣島縣立醫科大學論文集』1: 44－65.
_______(1950. 4),「移住民體質の硏究」,『廣島縣立醫科大學論文集』2: 41－46.
_______(1951. 4),「パプア頭骨の人類學的硏究」,『廣島縣立醫科大學論文集』3:

1－16.
臺北帝國大學 土俗·人種學研究室(1935. 2),『臺灣高砂族系統所屬の研究』, 東京: 刀江書院.
竹田光次(1943. 8. 10),『南方の軍政』, 東京: 川流堂 小林又七.
竹松良明(2000. 2. 25),「喪失された＜遙かな＞南方」,『戰時下の文學』, 東京: 出版會, pp. 77－87.
多田文男(1942. 12. 5),「大東亞共榮圈の學術調査」,『地理學研究』 1(12): 126－128.
田中正四(1944. 3. 1),「適應性: カナカ族·インドネシア族·パプア族·日本人」,『城大學報』 79.
_______(1949),「蘭領ニューギニアの人口問題管見」,『廣島醫學』 9/10: 40－42.
田山利三郎(1940. 12. 20),「南洋群島の珊瑚礁」,『南洋群島(自然と資源)』 太平洋協會 編, 東京: 河出書房, pp. 253－296.
_________(1941. 3),「ニューギニア探險談」,『太平洋協會學術委員會第一部(謄寫)』, 印刷所: 東亞謄寫院, pp. 14－20.
東京帝國大學南方資源科學研究會資源部 編(1943. 9. 30),『南方資源研究資料』 第一號, 東京: 成美堂書店.
鶴見俊輔(1982. 5. 24),『戰時期日本の精神史』, 東京: 岩波書店.
秦 郁彦(1981. 11. 30),『戰前期日本官僚制の制度·組織·人事』, 東京: 東京大學出版會.
波多江信廣(1962. 9. 30),「西イリアンのHorna巖田について」,『地學雜誌』 730: 15－31.
_________(1968. 7. 20),『西イリアンの思い出』, 東京: 川島書店.
中野朝明(1942. 3. 1),「ニューギニア島の發見とその民族學的研究業績」,『新亞細亞』, 1942年 3月 1日 發行, pp. 120－133.
_______(1942. 6. 20),「南部諸民族の生態, 附 文化變化の問題」,『フィリツピンの自然と民族』, 東京: 河出書房, pp. 307－326.
南方研究會(1943. 1. 1),「 ? 」,『南方情勢』 75: 46. 南方情勢社.
能仲文夫(1941. 11. 25),『南洋と松江春次』, 東京: 時代社.
原山 晃·森田憲司 編注(1986),「西北研究所の思い出: 藤枝 晃博士談話記錄」,『奈良史學』 4: 56－93.
服部 敏(1944. 3. 1),「マナミ湖の水蓮」,『城大學報』 79號.
古野清人(1967. 5. 31),『原始文化ノート』, 東京: 紀伊國屋新書.

________(1972. 9. 30), 『古野清人著作集 4(原始文化の探求)』. 東京: 三一書房.
藤岡謙二郎(1943. 6), 「ソロモン群島とその住民: 未開人種地理誌の問題と關聯して」, 『立命館大學論叢』 14輯(地理歷史編 第四號), pp. 120－135.
籐原明生(2005. 11. 26), 「日本占領下インドネシ ア·ヤルク諸島にあける勞務動員政策の實態」, 『南方文化』 32: 23－47.
松江春次(1938. 12. 1), 「日滿支南大ブロックの形成: 小林一三氏の資源滿足論に就て」, 『南洋』 24(12): 2－7.
松村 瞭(1917. 3. 3), 「南洋占領地ニ於ケル人類學上ノ調査槪略」, 『南洋新占領地視察報告書』, 東京: 文部省専門學務局, pp. 117－118.
增井貞吉(1938. 10), 『ニューギニア地名集成』, 東京: 南洋經濟硏究所.
宮本馨太郎(1972), 「古野先生と日本のおける民族學の成立時期」, 古野清人教授古稀紀念會編 『現代諸民族の宗教と文化』, 東京: 社會思想社, pp. 499－510.
宮本延人(1938. 1), 「新刊紹介: 南の會編 1937 ニューギニア土俗品圖集 上卷」, 『民族學硏究』 4(1): 182－184.
三吉朋十(1942. 1. 10), 「日章旗下の太平洋(四): 共栄圏内の土俗」, 滿州日日新聞.
南の會(1937), 『ニューギニア土俗品圖集(上)』, 東京: 南洋興發株式會社.
匿名(1954. 4. 20), 「鹿兒島県地理學會 月例會」, 『鹿兒島界地理學會紀要』 4: 54.
民族學硏究 5(2) 1939. 3. 30 發行.
『서울大學新聞』 1948年 3月 1日字.

Bourdieu, Pierre(1991), "Censorship and the Imposition of Form", *Language and Symbolic Power*. Cambridge: Harvard University Press, pp. 137－159.
Comaroff & Comaroff(1992), *Ethnography and the Historical Imagination*. Boulder: Westview.
Leach, Edmund(1954), *Political Systems of Highland Burma: A Study of Kachin Social Structure*. Cambridge: Harvard University Press.
Linton, Ralph(1943), "Nativistic Movements", *American Anthropologist* 45: 230－240.
Miklouho-Maclay, Nikolai(1982), *Travels to New Guinea, Moskow:* Progress Publishers. [畑中幸子·田村ひろ子 譯(1989. 8. 11), 『ニューギニア紀行: 19世紀ロシア人類學者の記錄』, 東京: 平凡社]
Morris, H. S.(1974), "In the Wake of Mechanization: Sago and Society in

Sarawak", *Social Organization and the Application of Anthropology*. ed. by Robert J. Smith. Ithaca: Cornell University Press. pp. 273–301.

Nakao, Katsumi(2007), "Shared Abodes, Disparate Vision: Japanese Anthropology during the Allied Occupation", *Social Science Japan Journal* 10(2): 175–196.

Nakayama, Shigeru(1971), "Survey of Science in Colonialism", *Japanese Studies in the History of Science* 7: 17–21.

Peattie, Mark R.(1988), *Nan'yo; The Rise and Fall of the Japanese in Micronesia, 1885–1945*. Honolulu: University of Hawaii Press.

Schafft, Gretchen(2004), *From Racism to Genocide: Anthropology in the Third Reich*. Urbana: University of Illinois Press.

van Bremen, Jan(2003), "Wartime Anthropology: A Global Perspective", *Wartime Japanese Anthropology in Asia and the Pacific*, eds. by Akitoshi Shimizu & Jan van Bremen. Osaka: National Museum of Ethnology, pp. 13–48.

Worsley, Peter(1957), *The trumpet shall sound: a study of 'cargo' cults in Melanesia*. London: MacGibbon & Kee.

wikimedia commons, 2007. 6. 13.

Abstract

Izumi Seiichi and Anthropology of Militarism

Focusing on Research at New Guinea

CHUN Kyung－soo

This research focuses on the late Professor Izumi Seiichi (1915－1970) at Department of Cultural Anthropology of Tokyo University (Japan) and his former research on New Guinea (Papua) during the Pacific War. Imperial Japanese Navy organized a fairly large group of expedition team to search for the natural resources for the war mobilization. Izumi Seiichi was a member of the expedition team almost for 7 months in New Guinea. Izumi was a trained anthropologist before participating into the expedition team and he worked for the Natural Resources Searching Team as well as collected ethnological and osteological materials for the museum of Keijo Imperial University.

While he was working for the expedition, he conducted by himself a sort of ethnographical survey. Some of his ethnographical reports had been published before the end of the war. However, some of them were stored within his field notes occupied by his family as they were written in his field notes. Therefore we have been learning about him and his fieldwork in the island as a portion somehow disguised as not to be related with the war.

I would like to uncover the whole picture of his fieldwork at New Guinea based on his published papers and books as well as his field notes and field diaries written at the islands. Then we can learn what really happened during the wartime with the anthropologist at New Guinea. If, by the way, we simply condemn an anthropologist participated into a war, it might again victimize him already having been a victimization of the war. We need to examine the situation of which the anthropologist had involved into the war as meticulously as we can in order to escape from the potential wrong judgement.

My questions on this research are the followings: 1) What exactly had been done by an anthropologist (Izumi) at the frontline of war during the wartime? 2) How did the anthropologist adjust under military order worked for the war mobilization? 3) Will it be possible for us to use the word of anthropology of militarism?

찾아보기

발간사

'한국학'에 대한 관심과 요구가 국내외에서 높아지고 있다. 한국학을 전공으로 하는 학과도 생겨나고 한국학 연구자들의 국제학술대회도 종종 접하게 된다. 한국사회가 짧은 시기에 보여 준 역동적인 변화에 대한 학문적 관심이 나라 안팎으로 증대된 결과일 것이다. 한국의 역사와 문화, 사회적 경험이 점점 더 많은 연구자의 관심대상으로 되고 있다는 사실은 매우 반가운 일이다.

한국학이란 고정된 분과학문 체계 내의 한 부분영역이 아니라 다양한 분과학문들이 함께 참여하는 학제적 연구의 성격을 지닌다. 한국학은 과거의 전통에 깊은 관심을 갖지만 현재의 문제들에도 주목하며 미래의 전망을 모색하는 작업도 포함한다. 인문학적 논의와 사회과학적 관심은 물론이고 자연과학적 문제의식과 예술적 시각이 함께 어우러지는 곳이다. 당연히 한국학은 국내의 연구자들이 자신의 특수성만을 부각시키는 폐쇄적인 장이 아니라 전 세계의 학자들이 자유롭게 참여하는 지적 토론의 공간이다. 한국을 대상으로 한 다양한 연구를 지원하며 진지한 논의와 지적 실험을 뒷받침하는 것이야말로 한국학의 가장 중요한 역할이라 할 것이다.

이런 의미에서 한국학은 한국의 문화와 역사적 경험을 전 인류의 문화유산과 역사적 경험의 한 부분으로 바라보는 전 지구적 시각을 요구받고 있다. 한국학은 한국사회의 경험을 연구하되, 그것을 21세기 세계사적 과제들과 더불어 사고함으로써 새로운 문명적 대안을 모색하는 전 지구적 논의에 적극적으로 동참하는 작업이 되어야 한다. 이런 종합적이고 개방적인 연구의 집적을 통해서만 한국의 특수성만을 절대화하는 오류에서 벗어나면서 동시에 서구의 눈으로 한국을 대상화, 타자화하는 오리엔탈리즘적 지역학의 한계도 극복할 수 있는 길이 열릴 것이다.

한국의 학문 발전에 큰 책임을 지고 있는 서울대학교는 한국학의 바람직한 발전을 위해 적극적인 역할을 하고자 한다. 이를 위해 별도의 연구기금을 마련하여 '한국학 장기기초연구 지원사업'을 추진하고 이 사업의 결과물들을 모아 연구총서, 자료총서, 모노그래프를 출간하기로 했다. 서울대학교 교수진의 연구역량과 진지한 문제의식들이 결집됨으로써 한국학의 연구수준이 더욱 높아지고 내용이 보다 풍부해질 것을 믿고 있다. 이 연구사업이 해를 거듭할수록 한국사회에 대한 이해가 깊어짐은 물론이고 한국의 경험을 통해 세계 학계의 시각과 논의도 더욱 풍성해질 것을 기대해 마지않는다.

2003년 8월

서울대학교 규장각한국학연구원 한국학연구사업위원회

전경수(全京秀)

서울대학교 문리과대학 고고인류학과 및 동 대학원 인류학과 졸업. University of Minnesota 인류학박사(1982). University of Minnesota 강사, 서울대학교 조교수, 부교수, 교수, 한국문화인류학회 회장, 동아시아인류학협회 회장, 제주학회 회장, 진도학회 회장, 문화재위원, 도쿄대학, 규슈대학, 카고시마대학, 야마구치대학, 국립민족학박물관(일본), 운남대학(중국) 객원교수 역임

현재: 귀주대학 동맹연구원(중국) 교수, 서울대학교 인류학과 명예교수, 근대서지학회 회장, 총합지구환경학연구소(일본 교토) 연구평가위원회 위원장, 가나가와대학 상민문화연구소 객원연구원(일본)

저서: 『문화의 이해』, 『한국문화론』(전 4권), 『브라질의 한국이민』, 『베트남일기』, 『환경친화의 인류학』, 『문화시대의 문화학』, 『한국인류학 백년』, 『백살의 문화인류학』, 『탐라·제주의 문화인류학』, 『손진태의 문화인류학』, 『일본열도의 문화인류학』, 『한국박물관의 어제와 내일』, 『인류학과의 만남』, 『지역연구, 어떻게 하나』, 『제주농어촌의 지역개발』(공저), 『한국의 낙도민속지』(공저) 등

편저서: 『까자흐스딴의 고려인』, 『한국어촌의 저발전과 적응』, 『사멸위기의 문화유산』, 『관광과 문화』 등

역서: 『현대문화인류학』, 『통과의례』, 『문화와 인성』

서울대학교 규장각한국학연구원 한국학모노그래프

01 예빈도에 보인 고구려: 당 이현묘 예빈도의 조우관을 쓴 사절에 대하여 | 노태돈
02 현대 한국유교와 전통 | 금장태
03 살인의 진화심리학: 조선 후기의 가족 살해와 배우자 살해 | 최재천·한영우·김호·황희선·홍승효·장대익
04 무협소설의 문화적 의미 | 전형준
05 정조시대의 무예 | 나영일
06 벼락도끼와 돌도끼: 고고자료에 대한 전통적 인식 연구 | 이선복
07 한국 옛 경관 속의 생태지혜 | 이도원
08 식민권력과 통계: 조선총독부의 통계체계와 센서스 | 박명규·서호철
09 한국의 천연염료: 전통염료와 천연염색기술 | 김재필·이정진
10 북한의 의학교육 | 박재형·김옥주·황상익
11 국문 글쓰기의 재탄생 | 권영민
12 사할린 귀환자 | 이순형
13 조선시대의 간척지 개발: 국토 확장과정과 이용의 문제 | 박영한·오상학
14 3칸×3칸: 한국 건축의 유형학적 접근 | 전봉희·이강민
15 위성영상을 이용한 북한지역의 해안습지연구: 평안남도를 사례로 | 유근배
16 한국 구비문학에 수용된 재담 연구 | 서대석
17 한국 자본자유화와 금융자유화의 근년변화: OECD 가입 및 IMF 사태 이 후의 실상, 평가 및 대응 | 이천표
18 구어 한국어의 의향법 실현방법 | 권재일
19 조선시대 복식에 나타난 적색계 색명의 의미 | 남윤자·김순영·박성실
20 우리나라 인체기생충 및 의용절지동물의 동물상과 개요 | 채종일
21 경제개방이 우리나라 노동시장에 미친 효과 | 김대일
22 한국 고소설에 나타난 오이디푸스 콤플렉스: 〈심청전〉·〈콩쥐팥쥐전〉| 류인균
23 남북한 경제의 이질성: 경제통합에 관한 함의 | 이지순
24 한국에서 마르크스주의 경제학의 도입과 전개과정 | 김수행
25 한국 장수인의 개체적 특성과 사회환경적 요인: 호남지방 장수벨트를 중심으로 | 박상철·이미숙·이정재·한경혜

26 전통마을 경관요소들의 생태적 의미 | 이도원
27 한국의 중산층 | 홍두승
28 한국 여성의 건강증진행위 | 윤순녕·김숙영·이지윤
29 心과 性: 茶山의『孟子』해석 | 금장태
30 20세기 초기 국어의 문법 | 권재일
31 한국의 고령노동: 경제활동과 고용구조의 장기적 변화 | 이철희
32 웃음으로 눈물 닦기: 한국 언어문화의 한 특질 | 김대행
33 한국의 좌파 경제학자들 | 김수행·김공회
34 온돌과 한국인의 수면 생활: 침상 기후를 중심으로 | 최정화·김문숙
35 한국 고대의 온돌: 북옥저, 고구려, 발해 | 송기호
36 한국 시민단체의 내부의사결정과정에 관한 연구 | 김준기
37 한국문화를 쓴다: 강용흘의『초당』과 이미륵의『압록강은 흐른다』 비교연구 | 최윤영
38 정약용 사상 속의 과학기술: 유가 전통, 실용성, 과학기술 | 김영식
39 仁과 禮: 다산의『논어』해석 | 금장태
40 서양인의 한국 종교 연구 | 김종서
41 韓國詩話에 보이는 杜詩 | 이영수
42 한국의 소득불평등과 빈곤: 소득분배 악화와 사회보장정책의 과제 | 구인회
43 한국인 치매환자의 행동 및 심리 증상의 횡문화적 특성 | 조맹제·김진영
44 한국 사회복지 네트워크의 구성과 효과성: 지역종합사회복지관의 네트워크 구성과 조직 효과성을 중심으로 | 김준기
45 근대한국의 국제관념에 나타난 도덕과 권력 | 장인성
46 한국의 의료체제: 제도와 지배구조 | 송호근
47 몽골제국과 고려: 쿠빌라이 정권의 탄생과 고려의 정치적 위상 | 김호동
48 한국무협소설의 작가와 작품 | 전형준
49 한국 근대소설에 나타난 오이디푸스 콤플렉스의 이해: 이광수, 김동인, 염상섭, 이상을 중심으로 | 류인균
50 한국의 하구역: 하구둑 건설 이후의 지형변화 | 유근배·김성환·신영호
51 한국의 신용평가제도 | 이인호
52 전통 마을숲의 생태계 서비스 | 이도원·고인수·박찬열
53 두 개의 예외적인 복제체제 비교 연구: 한국 복지국가 모형의 탐색 | 김태성

54 박정희 체제의 성립과 전개 및 몰락: 국제적·국내적 계급관계의 관점 | 김수행·박승호
55 한국 서해안의 해안사구: 지형학적 관점을 중심으로 | 유근배·류호상
56 『기우제등록』과 기후의례: 기우제, 기청제, 기설제 | 최종성
57 한국어 술어의 사건 구조와 논항 구조 | 남승호
58 舊韓末의 韓獨 外交文書 '德案' 硏究 | 권오현
59 현대 한국어의 공시 형태론: 경주지역어를 실례로 | 최명옥
60 서양문화를 쓴다: 강용흘의 〈동양 서양에 가다〉와 이미륵의 〈압록강에서 이자르강까지〉 | 최윤영
61 시장발전과 경제개발 | 이승훈
62 고려국가와 집단의식 | 노명호
63 근현대 한국미술과 '동양' 개념 | 정형민
65 현대 한국복지국가의 제도적 전환 | 안상훈
66 순응과 저항을 넘어서: 이승만과 박정희의 대미정책 | 신욱희
67 생태서식처로서 한국 서해안 해안사구 | 유근배·신영호·김대현·김성환
69 한국 정신보건서비스의 전개 과정: 사회서비스의 관점에서 | 강상경
70 일제의 한국 식민지화와 문명화(1904~1919) | 권태억

서울대학교 규장각한국학연구원 한국학연구총서

01 지방문학사: 연구의 방향과 과제 | 조동일
02 한국 근대과학 형성과정 자료 | 문만용·김영식
03 목석의 울음: 손창섭 문학의 정신분석 | 조두영
04 통일한국의 농업 | 김완배·김한호·이정재·이태호·정하우
05 현대 한국사회의 철학적 문제: 사회운영원리 | 백종현
06 한국유교의 과제 | 금장태
07 韓國 古代·中世初期 土地制度史: 古朝鮮~新羅·渤海 | 이경식
08 『무과총요』 연구 | 나영일
09 북한 주요 산업지역의 토지이용 변화와 개방지역에 관한 연구 | 황만익·이기석
10 재벌체제와 다국적기업: 경제개발의 두 가지 유형 | 이승훈
11 붉은악마와 월드컵 | 이순형

12 『조선왕조실록』 보존을 위한 기초 조사연구 (1) | 송기중·신병주·박지선·이인성
13 한국 근대의 사회복지 | 안상훈·조성은·길현종
14 한국어 체언의 음변화 연구 | 이상억
15 조선 중기 무예서 연구 | 나영일·노영구·양정호·최복규
16 1950년대 사회주의 건설기의 북한 보건의료 | 황상익
17 후발 산업화와 국가의 동학 : 탈관료화와 강성국가의 공동화 | 하용출
18 조선 후기의 기술도 : 서양 과학의 도입과 미술의 변화 | 정형민·김영식
19 韓國 中世 土地制度史 : 朝鮮前期 | 이경식
20 남북 언어의 문법 표준화 | 권재일
21 50권본 『화엄경』 연구 | 이승재
22 한·중 소화의 비교 | 서대석
23 고려전기의 전시과 | 이경식
24 개항기 전후 경상도의 육상교통 | 허우긍·도도로키 히로시
25 한국어의 주제와 통사 분석 : 주제 개념의 새로운 전개 | 임홍빈
26 한국적 패션 디자인의 제다움 찾기: 전통미와 현대적 활용을 중심으로 | 김민자
27 한국 근대문학교육사 연구 | 우한용
28 『조선왕조실록』의 여진족 족명과 인명 | 김주원
29 중앙아시아 고려말의 문법 | 권재일
30 삼국통일전쟁사 | 노태돈
31 한국의 사회운동과 진보정당 | 임현진
32 한국 행락문화의 변천과정 | 황기원
33 노래의 상상계 | 신범순
34 한국의 언어 민속지 : 전라남북도 편 | 왕한석
35 주시경의 언어이론과 표기법 | 송철의
36 일제강점기의 철도 수송 | 허우긍
37 인권으로 읽는 동아시아 : 한국과 일본의 인권 개선조건 | 정진성·공석기·구정우
38 정조와 정조시대 | 김인걸 외
39 문화의 정치와 지역사회의 권력구조: 안동과 안동김씨 | 김광억
40 한국어 명사구의 의미론 : 한정성/특정성, 총징성, 복수성 | 전영철

서울대학교 규장각한국학연구원 한국학자료총서

1 古代國語 語彙標記 漢字의 字別 用例 硏究 | 송기중
2 한국철학자료집: 불교편 1－삼국과 통일신라의 불교사상 | 허남진 외 편역
3 한국철학자료집: 불교편 2－고려시대의 불교사상 | 심재룡 외 편역
5 서울대학교 중앙도서관 고문헌자료실 소장 『경제문고』 해제집 | 권태억 외
6 한글본 이언 연구 | 민현식
7상 원문 교주 구운몽 | 원작 김만중, 교주 김병국
7하 현대역 구운몽 | 원작 김만중, 옮김 김병국
8 해방 이후 한국기업의 진화 I: 1976~2005년간의 통계의 구축과 기초분석 | 이근 외
9 해방 이후 한국기업의 진화 II: 1956~1977년간의 통계의 구축과 기초분석 | 이근 외
10 서울대학교박물관소장 식민지시기 유리건판 | 이문웅·강정원·신일 편
11 풍자 우화 그리고 계몽담론 | 권영민
12 한국근현대문학의 프랑스문학수용 | 이건우 외
13 한국 근대도면의 원점: 서울대학교 규장각한국학연구원 소장 근대 측량도와 건축도 1861~1910 | 전봉희·이규철·서영희
14－1 유원총보역주 1 | 허성도·김창환·강성위 역주
14－2 유원총보역주 2 | 허성도·김창환·강성위 역주
15 식민권력과 근대지식: 경성제국대학 연구 | 정근식·정진성·박명규·정준영·조정우·김미정
16－1 근대한국 국제정치관 자료집 제1권 개항·대한제국기 | 장인성·김현철·김종학 엮음
16－2 근대한국 국제정치관 자료집: 제2권 제국－식민지기 | 장인성·김태진·이경미 엮음
17 1980년대 조선－청 국경회담 관련 자료 선역 | 김형종 편역